上海市工程建设规范

退出民防序列工程处置技术标准

Technical standards of disposal for project withdrawal from civil defense sequence

DG/TJ 08—2323—2020

J 15281—2020

主编单位:上海市民防监督管理处
上海结建民防建筑设计有限公司
同济大学

批准部门:上海市住房和城乡建设管理委员会

施行日期:2021年2月1日

U0349717

同济大学出版社

2020 上海

图书在版编目(CIP)数据

退出民防序列工程处置技术标准 / 上海市民防监督管理处,上海结建民防建筑设计有限公司,同济大学主编. --上海:同济大学出版社,2020.11

ISBN 978-7-5608-9517-8

Ⅰ. ①退… Ⅱ. ①上… ②上… ③同… Ⅲ. ①人防地下建筑物-技术标准-上海 Ⅳ. ①TU927-65

中国版本图书馆 CIP 数据核字(2020)第 178972 号

退出民防序列工程处置技术标准

上海市民防监督管理处
上海结建民防建筑设计有限公司 **主编**
同济大学

策划编辑 张平官
责任编辑 朱 勇
责任校对 徐春莲
封面设计 陈益平

出版发行 同济大学出版社 www.tongjipress.com.cn
(地址:上海市四平路 1239 号 邮编:200092 电话:021-65985622)
经　　销 全国各地新华书店
印　　刷 浦江求真印务有限公司
开　　本 889mm×1194mm 1/32
印　　张 2.875
字　　数 77000
版　　次 2020 年 11 月第 1 版 2020 年 11 月第 1 次印刷
书　　号 ISBN 978-7-5608-9517-8
定　　价 25.00 元

本书若有印装质量问题,请向本社发行部调换 版权所有 侵权必究

上海市住房和城乡建设管理委员会文件

沪建标定〔2020〕413号

上海市住房和城乡建设管理委员会
关于批准《退出民防序列工程处置技术标准》
为上海市工程建设规范的通知

各有关单位：

由上海市民防监督管理处、上海结建民防建筑设计有限公司、同济大学主编的《退出民防序列工程处置技术标准》，经我委审核，现批准为上海市工程建设规范，统一编号为DG/TJ 08—2323—2020，自2021年2月1日起实施。

本规范由上海市住房和城乡建设管理委员会负责管理，上海市民防监督管理处负责解释。

特此通知。

上海市住房和城乡建设管理委员会

二〇二〇年八月十三日

前　言

根据上海市住房和城乡建设管理委员会《关于印发〈2019 年上海市工程建设规范、建筑标准设计编制计划〉的通知》（沪建标定〔2018〕753 号）要求，标准编制组在深入调研、认真总结实践经验、参考国内先进标准和广泛征求意见的基础上，编制了本标准。

本标准主要内容有：总则；术语；基本规定；风险评估；整治利用法；封堵法；回填法；监测。

各单位及相关人员在执行本标准过程中，如有意见和建议，请反馈至上海市民防办公室（地址：上海市复兴中路 593 号；邮编：200020；E-mail：mfkys@126.com），上海结建民防建筑设计有限公司（地址：上海市金沙江路 1628 弄 1 号楼 5 楼；邮编：200333；E-mail：jjmf@jjmf.com.cn），或上海市建筑建材业市场管理总站（地址：上海市小木桥路 683 号；邮编：200032；E-mail：bzglk@zjw.sh.gov.cn），以供今后修订时参考。

主 编 单 位：上海市民防监督管理处
上海结建民防建筑设计有限公司
同济大学

参 编 单 位：上海勘察设计研究院（集团）有限公司
浦东新区人民防空办公室
黄浦区人民防空办公室
长宁区人民防空办公室

主要起草人：高福桂　陈力新　陈永贵　陆文良　龚文辉
王　颖　陈海霞　刘绍贵　梁　炜　王　瑞
王　芳　韦思远　于永虹　马明辉　田林波
田　甜　唐　凌　徐　杨　谢永健　魏建华

梅正君　方霞珍　沈军治　成恩伟　王世瑞
张　旭　顾　亮

主要审查人:陈锦剑　王　挥　沈祖宏　姚保华　瞿　云
王秀志　滕　丽

上海市建筑建材业市场管理总站

目　次

Contents

1 总 则

1.0.1 为保障退出民防序列工程的安全使用和管理，保障人民生命财产安全，建立健全风险评估和隐患整治机制，确保退出民防序列工程处置顺利实施，制定本标准。

1.0.2 本标准适用于本市退出民防序列工程处置。

1.0.3 退出民防序列工程处置应委托具备相应资质的单位设计后方可施工，应通过竣工验收和备案后方可投入使用。

1.0.4 退出民防序列工程处置除应符合本标准规定外，尚应符合国家、行业和本市现行有关标准的规定。

2 术 语

2.0.1 退出民防序列工程 project withdrawal from civil defense sequence

即退出民防序列公用民防工程，指防护功能丧失，经民防主管部门批准同意且没有“灭失”的工程。

2.0.2 处置 disposal

对退出民防序列工程经过风险评估后，根据可利用的程度，采取消除安全隐患的技术措施。

2.0.3 风险 risk

发生特定危害事件的可能性以及发生事件后果严重性的结合。

2.0.4 风险评估 risk assessment

风险辨识、风险分析、风险评价的全过程。

2.0.5 风险等级 risk rating

基于风险水平划分的风险级别。

2.0.6 结构加固 structural reinforcement

对可靠性不足或业主要求提高可靠度的承重结构、构件及其相关部分采取增强、局部更换或调整其内力等措施，使其具有现行设计规范及业主所要求的安全性、耐久性和适用性。

2.0.7 整治利用法 rectification and utilization method

对退出民防序列工程采取结构加固、消防整治、环境整治等措施，或利用改扩建技术，使退出民防序列工程具备新的使用功能的处置方法。

2.0.8 封堵法 plugging method

采取砌体或加装门的方法封堵退出民防序列工程，使其不具有平时使用功能的处置方法。

2.0.9 回填法 backfill method

采取沙或泡沫混凝土等材料回填退出民防序列工程的处置方法。

2.0.10 改建 reconstruction

整治利用退出民防序列工程时，对原有地下空间的建筑功能或者形式进行改变，而退出民防序列工程的规模和占地面积基本不改变的处置方法。

2.0.11 扩建 extension

整治利用退出民防序列工程时，保留原有地下空间，在其基础上增加功能、扩大规模，使得新建部分成为与原有地下空间相关的处置方法。

2.0.12 结构检测 structural inspection

为获取能反映建筑物结构现状的信息和资料而进行的现场调查和测试活动。

2.0.13 结构评定 structural assessment

根据建(构)筑物已有资料、现场检测所获得的信息，以及室内试验得出的结果，对建(构)筑物进行结构计算分析，最终明确给出建(构)筑物结构性能评价结果的过程。

2.0.14 单建式工程 single-built engineering

单独建造的，只有地下室及地下室的地面附属设施的工程。

2.0.15 附建式工程 attached engineering

既有地下室及其地面附属设施，又有上部结构的工程。

2.0.16 水撼沙 water-shake backfilling method

沙质土回填的一种方法，即水沉法，回填沙时进行灌水的同时用振动棒插入沙中震撼使其沉实。

2.0.17 监测 monitor

在退出民防序列工程处置过程中，采用仪器测量、现场巡检等方法和手段，获取和反映监测对象的安全状况、变化特征及其发展趋势的信息，并进行分析、反馈的工作。

2.0.18 监测点 monitoring point

设置在建(构)筑物、管线等监测对象上能反映其力学及变形特征的观测点。

2.0.19 监测报警值 alarming value for monitoring

在施工过程中，为确保建(构)筑物和周边环境安全，对监测对象可能出现异常、危险所设定的警戒值。

3 基本规定

3.0.1 退出民防序列工程处置应针对工程的特点及实际情况开展风险评估，并根据风险评估结果确定处置方法。

3.0.2 退出民防序列工程处置可采用整治利用法、封堵法、回填法或其他处置方法。

3.0.3 退出民防序列工程处置应严格按国家现行有关标准的规定进行设计、施工、验收，并应注意施工安全。

3.0.4 退出民防序列工程处置施工验收合格后，应将工程资料进行汇总、整理，并按有关规定进行归档。

4 风险评估

4.1 一般规定

4.1.1 退出民防序列工程在处置前应开展风险评估，并根据风险评估的结果提出处置建议。

4.1.2 退出民防序列工程风险评估可包括结构风险评估、消防风险评估、其他风险评估。工程的结构风险等级为高且采用整治利用法进行处置时，应对可能引发重大结构破坏的工程开展专项检测。

4.1.3 风险评估应由退出民防序列工程的管理单位或使用单位负责组织，可委托具备相应资质和能力的第三方评估单位实施，并应形成书面评估报告。

4.2 结构风险评估

4.2.1 结构风险评估应包括建筑和结构初步调查、结构构件损伤评价、结构变形检测、材料力学性能检测、渗漏水评价。

4.2.2 风险评估前，应对建筑和结构进行初步调查，调查应包括下列内容：

1 工程档案卡资料或工程竣工资料；对缺失工程档卡资料的工程，需委托专业单位进行测绘并出具报告。

2 工程周边建筑物（含上部结构、基础类型、地下管线、道路等）。

3 工程历史情况，包括施工、维修、加固及改造情况等。

4 检查核对工程实体与图纸（文字）资料记载的一致性。

4.2.3 结构风险评估时，应将风险因素对结构安全的影响程度划分为高、中、低三个等级。

4.2.4 结构构件损伤评价应包括结构表面剥落、结构开裂、钢筋锈蚀状况评估。

4.2.5 结构表面剥落状况对结构风险影响程度的划分应符合下列规定：

1 顶板、墙体、梁、柱表面25%以上的构件存在表面剥落，且有效截面削弱大于15%，影响程度为高。

2 顶板、墙体、梁、柱表面5%～25%的构件存在表面剥落，或有效截面削弱5%～15%，影响程度为中。

3 顶板、墙体、梁、柱表面小于5%的构件存在表面剥落，或有效截面削弱小于5%，影响程度为低。

4.2.6 结构开裂状况对结构风险影响程度的划分应符合下列规定：

1 顶板、墙体、梁、柱外观质量差，承重墙或柱及混凝土梁、板构件发现不适于继续承载的异常裂缝，且呈现发展趋势，影响程度为高。

2 顶板、墙体、梁、柱外观质量较差，承重墙或柱及混凝土梁、板构件发现不适于继续承载的异常裂缝，但呈现收敛趋势，影响程度为中。

3 顶板、墙体、梁、柱外观质量好，承重墙或柱及混凝土梁、板构件均尚未发现不适于继续承载的异常裂缝，影响程度为低。

4.2.7 钢筋锈蚀状况对结构风险影响程度的划分应符合下列规定：

1 梁、板钢筋截面锈损率大于15%，或混凝土保护层因钢筋锈蚀而严重脱落、露筋，影响程度为高。

2 梁、板钢筋截面锈损率为5%～15%，影响程度为中。

3 梁、板钢筋截面锈损率小于5%，影响程度为低。

4.2.8 结构变形检测应符合现行国家标准《建筑结构检测技术标准》GB/T 50344 的规定。测点布置、数据处理应按现行行业标准《建筑变形测量规程》JGJ 8的规定执行。结构变形状况评价应包括不均匀沉降、墙体倾斜和构件变形。

4.2.9 不均匀沉降对结构风险影响程度的划分应符合下列规定：

1 不均匀沉降远大于现行国家标准《建筑地基基础设计规范》GB 50007 规定的允许沉降差，或连续 2 个月地基沉降速率大于 2 mm/月，尚有变快趋势，影响程度为高。

2 不均匀沉降大于现行国家标准《建筑地基基础设计规范》GB 50007 规定的允许沉降差，且连续 2 个月地基沉降速率不大于 2 mm/月，影响程度为中。

3 不均匀沉降不大于现行国家标准《建筑地基基础设计规范》GB 50007 规定的允许沉降差，影响程度为低。

4.2.10 墙体倾斜对结构风险影响程度的划分应符合下列规定：

1 墙体倾斜率大于 10‰，影响程度为高。

2 墙体倾斜率为 7‰～10‰，影响程度为中。

3 墙体倾斜率小于 7‰，影响程度为低。

4.2.11 构件变形对结构风险影响程度的划分应符合下列规定（L_0为计算跨度）：

1 梁、板产生超过 $L_0/150$ 的挠度，且受力主筋处的弯曲裂缝、一般弯剪裂缝和受拉裂缝宽度大于 0.8 mm，影响程度为高。

2 梁、板产生 $L_0/200$～$L_0/150$ 的挠度，或受力主筋处的弯曲裂缝、一般弯剪裂缝和受拉裂缝宽度在 0.4 mm～0.8 mm，影响程度为中。

3 梁、板产生小于 $L_0/200$ 的挠度，或受力主筋处的弯曲裂缝、一般弯剪裂缝和受拉裂缝宽度小于 0.4 mm，影响程度为低。

4.2.12 材料力学性能检测主要为抗压强度检测，材料强度对结构风险影响程度的划分应符合下列规定：

1 材料强度严重退化，混凝土强度小于 10 MPa，或砌体块材强度小于 MU7.5，影响程度为高。

2 材料强度略有退化，混凝土强度在 10 MPa～15 MPa，或砌体块材强度在 MU7.5～MU15，影响程度为中。

3 材料强度无明显退化，混凝土强度大于 15 MPa，或砌体块材强度大于 MU15，影响程度为低。

4.2.13 渗漏水评价应符合现行国家标准《地下水工程防水技术规范》GB 50108 的规定，渗漏水评价应包括渗水点个数和渗水状态评估。

4.2.14 渗水点个数对结构风险影响程度的划分应符合下列规定：

1 每 100 m^2 渗漏点超过 7 处，影响程度为高。

2 每 100 m^2 渗漏点有 2 处～7 处，影响程度为中。

3 每 100 m^2 渗漏点少于 2 处，影响程度为低。

4.2.15 渗水状态对结构风险影响程度的划分应符合下列规定：

1 渗漏成线或涌水状态，地面存在大量积水；或水质较浑，含泥沙，影响程度为高。

2 有渗水现象，构件表面可见明显的滴漏，地面可见积水，影响程度为中。

3 有渗水现象，构件表面出现水膜或垂珠，但无明显积水，影响程度为低。

4.2.16 结构风险分析应从结构风险可能性和结构风险后果两个方面进行分析。

4.2.17 结构风险可能性分析宜采用指标体系法，根据指标重要性确定权重系数；评价指标采用 10 分制评分，对应结构风险影响程度评价指标取值标准宜按表 4.2.17 的规定划分为三个等级。

表 4.2.17 结构风险影响程度评价指标取值标准

影响程度等级	取值范围
高	8～10
中	4～7
低	1～3

4.2.18 结构风险事件发生的可能性水平应按下列公式计算：

$$P=\sum_{i=1}^{n} s_i \times w_i \qquad (4.2.18\text{-}1)$$

$$s_i=\sum_{j=1}^{m} s_{ij} \times w_{ij} \qquad (4.2.18\text{-}2)$$

式中：P——风险事件可能性评估分值；

s_i——一级指标分值；

w_i——一级指标权重；

s_{ij}——二级指标分值；

w_{ij}——二级指标权重；

n——一级指标数量；

m——二级指标数量。

4.2.19 结构损坏风险发生可能性评价指标及权重宜按表 4.2.19 取值，宜按本标准第 4.2.18 条的规定计算结构风险事件发生的可能性水平。

4.2.19 结构损坏风险发生可能性评价指标及权重

一级指标		二级指标			
指标	权重（w_i）	指标	权重（w_{ij}）	说明	分值
结构构件损伤	0.30	结构表面剥落	0.3	顶板、墙体、梁、柱表面 25%以上的构件存在表面剥落，且有效截面削弱大于 15%	8～10
				顶板、墙体、梁、柱表面 5%～25%的构件存在表面剥落，且有效截面削弱 5%～15%	4～7
				顶板、墙体、梁、柱表面小于 5%的构件存在表面剥落，且有效截面削弱小于 5%	1～3
		结构开裂	0.4	顶板、墙体、梁、柱外观质量差，承重墙或柱及混凝土梁、板构件发现不适于继续承载的异常裂缝，且呈现发展趋势	8～10
				顶板、墙体、梁、柱外观质量较差，承重墙或柱及混凝土梁、板构件发现不适于继续承载的异常裂缝，但呈现收敛趋势	4～7
				顶板、墙体、梁、柱外观质量好，承重墙或柱及混凝土梁、板构件均尚未发现不适于继续承载的异常裂缝	1～3
		钢筋锈蚀	0.3	梁、板钢筋截面锈损率大于 15%，或混凝土保护层因钢筋锈蚀而严重脱落、露筋	8～10
				梁、板钢筋截面锈损率为 5%～15%	4～7
				梁、板钢筋截面锈损率小于 5%	1～3

续表 4.2.19

一级指标		二级指标			
指标	权重(w_i)	指标	权重(w_{ij})	说明	分值
结构变形	0.25	不均匀沉降	0.3	不均匀沉降远大于现行国家标准《建筑地基基础设计规范》GB 50007规定的允许沉降差，或连续两个月地基沉降速率大于 2 mm/月，尚有变快趋势	8～10
				不均匀沉降大于现行国家标准《建筑地基基础设计规范》GB 50007规定的允许沉降差，且连续两个月地基沉降速率不大于 2 mm/月	4～7
				不均匀沉降不大于现行国家标准《建筑地基基础设计规范》GB 50007规定的允许沉降差	1～3
		墙体倾斜	0.4	墙体倾斜率大于 10‰	8～10
				墙体倾斜率为 7‰～10‰	4～7
				墙体倾斜率小于 7‰	1～3
		构件变形	0.3	梁、板产生超过 $L_0/150$ 的挠度，且受力主筋处的弯曲裂缝、一般弯剪裂缝和受拉裂缝宽度大于 0.8 mm	8～10
				梁、板产生 $L_0/200$～$L_0/150$ 的挠度，或受力主筋处的弯曲裂缝、一般弯剪裂缝和受拉裂缝宽度在 0.4 mm～0.8 mm	4～7
				梁、板产生小于 $L_0/200$ 的挠度，或受力主筋处的弯曲裂缝、一般弯剪裂缝和受拉裂缝宽度小于 0.4 mm	1～3
材料力学性能	0.20	强度	1.0	材料强度严重退化，混凝土强度小于 10 MPa，或砌体块材强度小于 MU7.5	8～10
				材料强度略有退化，混凝土强度在 10 MPa～15 MPa，或砌体块材强度在 MU7.5～MU15	4～7
				材料强度无明显退化，混凝土强度大于15 MPa，或砌体块材强度大于 MU15	1～3

续表 4.2.19

一级指标		二级指标			
指标	权重(w_i)	指标	权重(w_{ij})	说明	分值
渗漏水	0.25	渗水点个数	0.5	每 100 m^2 渗漏点超过 7 处	8～10
				每 100 m^2 渗漏点有 2 处～7 处	4～7
				每 100 m^2 渗漏点少于 2 处	1～3
		渗水状态	0.5	渗漏成线或涌水状态，地面存在大量积水；或水质较浑，含泥沙	8～10
				有渗水现象，构件表面可见明显的滴漏，地面可见积水	4～7
				有渗水现象，构件表面出现水膜或垂珠，但无明显的渗水点，无流动水	1～3

4.2.20 结构风险事件可能性等级宜根据风险可能性评估分值按表 4.2.20 的规定分为五个等级。

4.2.20 结构风险事件可能性分级表

可能性等级	可能性评估分值(P)	等级描述
5	$8<P\leqslant 10$	频繁发生
4	$6<P\leqslant 8$	可能发生
3	$4<P\leqslant 6$	偶尔发生
2	$2<P\leqslant 4$	很少发生
1	$1\leqslant P\leqslant 2$	极不可能发生

4.2.21 退出民防序列工程结构风险事件的后果等级应分为人员伤亡、经济损失、环境影响和社会影响四类，判定标准应按照现行上海市工程建设规范《公用民防工程安全风险评估技术标准》DG/TJ 08—2281 执行。风险事件后果等级划分标准应按表 4.2.21 的规定确定。

表 4.2.21 风险事件后果等级划分标准

后果等级	5	4	3	2	1
严重程度	灾难性的	很严重的	严重的	较大的	轻微的

4.2.22 根据结构风险事件的可能性等级和后果等级，采用风险矩阵法确定结构风险事件的风险等级。结构风险事件的风险等级分为四级：极高、高、中、低。风险事件的风险等级标准应符合表 4.2.22 的规定。

表 4.2.22 结构风险事件的风险等级标准

后果等级 可能性等级		灾难性的	很严重的	严重的	较大的	轻微的
		5	4	3	2	1
频繁发生	5	极高	极高	高	高	中
可能发生	4	极高	高	高	中	中
偶然发生	3	高	高	中	中	低
很少发生	2	高	中	中	低	低
极不可能发生	1	中	中	低	低	低

4.2.23 应根据结构风险事件的风险等级，对后续消防、其他风险评估及工程处置方法提出建议。对应结构风险等级的后续处置措施宜按表 4.2.23 选择。

表 4.2.23 对应结构风险等级的后续处置措施

结构风险等级	极高	高	中	低
后续处置措施	宜采取回填法处置	修缮损伤部位，进行适用性评价，可利用的工程进行消防风险及其他风险评估，进一步确定处置方法；不可利用的工程宜采用封堵法处置		

4.3 消防风险评估

4.3.1 消防风险评估应包括紧急疏散通道及安全出口、给排水系统、排烟系统评估。

4.3.2 退出民防序列工程的紧急疏散通道及安全出口存在下列情况之一的，判定工程消防风险不可控，应采取封堵法处置：

1 防火分区安全出口数目少于 2 个,且无增设条件。

2 安全出口存在遮挡、堵塞、破坏的情况或不符合规范要求且无法恢复。

3 紧急疏散通道及安全出口的宽度不符合规范要求且无改造条件。

4.3.3 退出民防序列工程的给排水系统存在下列情况之一的,判定工程消防风险不可控,应采取封堵法处置:

1 无消防水源,且无条件自市政给水管引入新的消防进水管。

2 消防进水管管径无法符合消防水量的要求,且无条件扩充。

3 无消防排水设施,且无条件增设或改善。

4.3.4 退出民防序列工程的排烟系统存在下列情况的,判定工程消防风险不可控,应采取封堵法处置:

当地下或半地下建筑(室)建筑面积大于 200 m^2 或一个房间建筑面积大于 50 m^2,无排烟设施,且无条件增设时。

4.4 其他风险评估

4.4.1 其他风险评估可包括空气质量评估、噪声及振动评估、出入口防雨水倒灌评估。实际评估过程中,可根据工程的具体情况参考有关规范对可能发生风险事件的部分开展专项评估。

4.4.2 空气质量评估应符合现行国家标准《室内空气质量标准》GB/T 18883 的相关要求,检查结果未达到标准要求,且在规定期限内无法达到标准要求时,宜进行封堵处置。退出民防序列工程室内空气应无毒、无害、无异常臭味。

4.4.3 噪声及振动评估包括噪声评估及振动评估,评估结果未达到有关标准要求,且在规定期限内无法达到标准要求时,宜进行封堵处置:

1　噪声值的监测检验方法应符合现行国家标准《公共场所卫生检验方法　第1部分：物理因素》GB/T 18204.1的相关规定。

2　噪声值宜符合现行国家标准《声环境质量标准》GB 3096的相关规定。

3　振动应按现行国家标准《城市区域环境振动测量方法》GB 10071进行测量。

4　振动宜符合城市区域环境振动标准。

4.4.4　出入口防雨水倒灌评估应符合下列规定，无法修复或无有效的防雨水倒灌措施，宜进行封堵处置：

1　汽车坡道出入口宜高出室外地面不小于250 mm。

2　楼梯出入口（包括台阶式自行车坡道）宜高出室外地面不小于300 mm。

3　全埋、半埋土式通风采光窗井的窗台底离窗外平台完成面不宜小于500 mm；高出地平面式通风采光窗井的窗台底离室外地坪不宜小于300 mm。

4.5　风险评估程序

4.5.1　退出民防序列工程应首先进行结构风险评估。

4.5.2　结构风险评估等级为极高的退出民防序列工程，宜采用回填法处置。

4.5.3　结构风险评估等级为高、中、低的退出民防序列工程，应继续进行适用性评价。

4.5.4　退出民防序列工程应在分析工程区位、工程面积、改造成本的基础上开展适用性评价，应对工程影响范围内的敏感建（构）筑物进行调查、检测与评估。

4.5.5　适用性评价为不可利用的退出民防序列工程，可采用封堵法处置。

4.5.6　适用性评价为可利用的退出民防序列工程，应继续进行消防、其他风险评估。

4.5.7 消防、其他风险不可控的退出民防序列工程，可采用封堵法处置。

4.5.8 消防、其他风险可控的退出民防序列工程，可采用整治利用法处置。

4.6 风险评估报告

4.6.1 退出民防序列工程应在结构风险评估、消防风险评估、其他风险评估的基础上，确定处置方法，编制风险评估报告。

4.6.2 风险评估报告应包括下列内容：

1 工程概况，包括工程地址、工程结构类型、工程规模及上部建筑、周边情况等。

2 风险评估的目的和依据。

3 风险评估的对象和范围。

4 风险评估的程序和方法，包括检测方法、仪器的选择及测点的布置等。

5 风险评估的原始、有效数据和风险评估的结果。

6 风险评估的结论及处置建议。

7 有关附图、附表。

5 整治利用法

5.1 一般规定

5.1.1 本方法适用于结构风险等级评估为高、中或低，适用性评价具有改造利用价值，经过消防风险评估和其他风险评估结果为风险可控的退出民防序列工程处置。

5.1.2 采取整治利用法处置退出民防序列工程之前，应明确整治后的建筑使用功能。

5.1.3 采取整治利用法处置时，如不需进行建筑功能调整与扩展，应根据结构风险评估报告对退出民防序列工程不符合安全要求的结构或构件进行修缮加固，但不得任意拆改退出民防序列工程的承重结构。必要时，可深化结构检测，量化检测指标，为设计提供依据。

5.1.4 采取整治利用法处置的退出民防序列工程结构经过检测与鉴定需要修缮加固时，应根据鉴定结论和委托方要求，由设计单位进行修缮加固设计，并符合现行规范的要求。

5.2 结构修缮加固

5.2.1 退出民防序列工程的结构根据前期评估报告结构存在安全隐患时，应对相关结构构件进行结构加固。

5.2.2 退出民防序列工程的钢筋混凝土结构表面有侵蚀、风化、疏松、脱落、掉角等损坏，应采取措施修补。

5.2.3 退出民防序列工程结构的顶板、底板、侧墙或拱顶的渗漏需查清渗漏原因，找出水源和渗漏部位，根据漏水点的位置、渗水状况及损坏程度制定堵修方案。

5.2.4 退出民防序列工程结构渗漏修缮可按现行国家标准《地下工程防水技术规范》GB 50108 的相关规定执行。

5.2.5 退出民防序列工程结构渗漏修缮用的材料应符合下列规定：

1 防水混凝土的配合比应通过试验确定，其抗渗等级不应低于原防水混凝土设计要求。

2 防水抹面材料宜采用非憎水性外加剂、防水剂的防水砂浆。

3 防水密封材料应具有良好的粘结性、耐腐蚀性及施工性能。

4 裂缝修补材料的选用应符合国家及行业现行标准的规定。

5.2.6 退出民防序列工程承重混凝土构件混凝土裂缝可按现行国家标准《混凝土结构加固设计规范》GB 50367 的要求进行裂缝处理。对承载力不足引起的裂缝，应采用适当的加固方法进行加固。

5.2.7 退出民防序列工程的结构形式为砌体结构时，加固应符合现行国家标准《砌体结构加固设计规范》GB 50702 的相关规定。

5.2.8 退出民防序列工程的墙体或拱顶的结构加固可根据工程特点采用砌体压力灌浆补强加固法、钢筋网水泥砂浆面层加固法、钢筋混凝土面层加固法等方法进行结构补强。

1 砌体结构墙体或拱顶的渗漏点宜先采取压力灌浆补强加固法修补，再进一步考虑补强措施。

2 当结构不存在承载力不足或变形未超过规范要求时，可采取钢筋网水泥砂浆面层加固法补强。

3 当结构存在承载力不足或变形超过规范要求时，可采取钢筋混凝土面层加固法补强。

5.2.9 砌体结构墙体采用钢筋混凝土面层加固法设计应符合下列规定：

1 加固用的混凝土强度等级不宜低于 C25，厚度不应小于

60 mm。

2 加固用的钢筋宜采用 HRB335 和 HRB400 的热轧或冷轧带肋钢筋，也可采用 HPB300 的热轧光圆钢筋，竖向受力钢筋直径不小于 12 mm，净间距宜为 150 mm～200 mm，横向钢筋直径可为 6 mm～8 mm，间距宜为 150 mm～200 mm。

3 单面钢筋混凝土面层宜采用∅8 的 L 形锚筋与原砌体墙连接，锚筋在砌体内的锚固深度不小于 120 mm；双面钢筋混凝土面层宜采用∅8 的 S 形穿墙筋与原砌体墙连接。锚筋间距宜为 600 mm，梅花形布置。

4 钢筋混凝土面层的竖向钢筋应植筋锚入顶板和底板，横向钢筋应植筋锚入两侧墙体或者柱子内，锚固长度符合相关规范的要求。

5.2.10 砌体结构墙体采用钢筋混凝土面层加固法施工应符合下列规定：

1 钢筋混凝土面层加固法的施工工艺为：原有墙面清底→钻孔并用水冲刷→孔内干燥后安装锚筋并铺设钢筋网→浇水湿润墙面→喷射或浇筑混凝土并养护→墙面装饰。

2 原墙面碱蚀严重时，应先清除松散部分并用 M10 或 1∶3 水泥砂浆抹面，已松动的勾缝砂浆应剔除。

3 在墙面钻孔时，应按设计要求先画线标出锚筋或穿墙筋的位置，并应采用电钻在砖缝处打孔，穿墙孔直径宜比 S 筋大 2 mm；锚筋孔直径宜采用锚筋直径的 1.5 倍～2.5 倍，其孔深不小于 120 mm，锚筋应采用胶粘剂灌注密实。

4 铺设钢筋网时，竖向钢筋应靠墙并采用钢筋头支起，钢筋网片与墙面的空隙不小于 10 mm，钢筋网保护层厚度不小于 15 mm。

5 钢筋混凝土面层可支模浇筑或采用喷射混凝土工艺，浇筑后应加强养护。

5.2.11 砌体结构墙体采用钢筋网水泥砂浆面层加固法设计应符

合下列规定：

1 加固用的水泥砂浆强度等级不宜低于 M15，厚度为 45 mm～50 mm。

2 加固用的钢筋网宜采用点焊方格钢筋网，竖向受力钢筋直径不小于 8 mm，水平分布钢筋直径不小于 6 mm，网格尺寸不大于 300 mm。

3 单面钢筋混凝土面层宜采用∅6 的 L 形锚筋与原砌体墙连接，双面钢筋混凝土面层宜采用∅6 的 S 形穿墙筋与原砌体墙连接，锚筋在砌体内的锚固深度不小于 120 mm，锚筋间距宜为 900 mm，梅花形布置。

4 钢筋网四周应与顶板、底板、柱或墙体可靠连接，竖向钢筋应植筋锚入顶板和底板，横向钢筋应植筋锚入两侧墙体或者柱子内，锚固长度符合相关规范的要求。

5.2.12 砌体结构墙体采用钢筋网水泥砂浆面层加固法施工应符合下列规定：

1 水泥砂浆面层加固法的施工工艺为：原有墙面清底→钻孔并用水冲刷→孔内干燥后安装锚筋并铺设钢筋网→浇水湿润墙面→水泥砂浆分层抹灰→墙面装饰。

2 原墙面碱蚀严重时，应先清除松散部分并用 M10 或 1∶3 水泥砂浆抹面，已松动的勾缝砂浆应剔除。

3 在墙面钻孔时，应按设计要求先画线标出锚筋或穿墙筋的位置，并应采用电钻在砖缝处打孔，穿墙孔直径宜比 S 筋大 2 mm；锚筋孔直径宜采用锚筋直径的 1.5 倍～2.5 倍，其孔深不小于 120 mm，锚筋应采用胶粘剂灌注密实。

4 铺设钢筋网时，竖向钢筋应靠墙并采用钢筋头支起，钢筋网片与墙面的空隙不小于 10 mm，钢筋网保护层厚度不小于 15 mm。

5 抹水泥砂浆时应先在墙面刷水泥浆一道，再分层抹灰，且每层厚度不应超过 15 mm。

6 面层应浇水养护，冬季应采取防冻措施。

5.2.13 砌体结构墙体采用砌体压力灌浆补强加固法应按现行国家标准《砌体结构加固设计规范》GB 50702 设计，且应符合下列规定：

1 退出民防序列工程的砖墙墙体或拱顶存在流水量较大的渗漏时，可借助压缩空气，将复合水泥浆液、砂浆或化学浆液注入砌体裂缝、欠饱满灰缝、孔洞以及疏松不实砌体。

2 灌浆用水泥宜采用强度等级为 42.5 的普通硅酸盐水泥，砂为粒径不大于 0.5 mm 的细砂，水为饮用水或天然纯净水。

3 压浆的材料可采用无收缩水泥基灌浆料、环氧基灌浆料等。

5.2.14 砌体结构墙体采用砌体压力灌浆补强加固法施工应符合下列规定：

1 砌体结构墙体采用砌体压力灌浆补强加固法施工工艺程序为：表面处理→灌浆嘴位置设定→钻孔→封缝→灌浆。

2 表面处理需铲除裂缝两侧（100 mm～200 mm）及灌浆部位的抹灰层，吹净灰粉。

3 灌浆嘴应设置在裂缝起讫点、交叉点及裂缝较宽的部位，对于需要通过压力灌浆提高砌体强度的未裂砌体，灌浆嘴间距应根据灰缝的饱满程度和可灌性通过试灌确定。

4 封缝需沿已安装好灌浆嘴的裂缝，用水喷淋 1 次～2 次后，以灌浆液涂刷一遍，再抹 1∶2 水泥砂浆封闭，宽 200 mm。待封缝达到一定强度后，以 0.2 MPa～0.3 MPa 的压力灌水试压，检验封缝的牢固性和严密性，并保证灌浆液通畅。

5 灌浆应分两次进行，压力控制在 0.2 MPa～0.25 MPa，第一次由下向上逐孔灌注，第一次和第二次注浆间隔约 30 min；第二次从上往下补沉灌浆。每次灌浆以不进浆或邻近小嘴子溢浆为止，边灌边用胶塞或木塞堵住灌过的嘴子。如灌浆过程中发现墙体局部冒浆，应停止片刻，并用快硬胶堵塞，然后再进行灌浆。

6 灌浆应做到浆液饱满无漏灌，浆体密实无气泡，粘结牢固。

5.3 消防整治

5.3.1 退出民防序列工程采取整治利用法处置时，如不需调整建筑功能，应按现行相关标准复核原有设计文件，并勘查工程现场，了解工程现状。如工程存在不符合现行相关规范规定之处，应委托具备相应资质的单位设计后方可施工。

5.3.2 退出民防序列工程采取整治利用法处置时，如需调整建筑功能，进行改建（含内装修）或扩建，应委托具备相应资质的单位设计后方可施工。

5.3.3 采取整治利用法处置退出民防序列工程的耐火等级、防火分区、平面布置、安全疏散、消防设施应严格按现行国家标准《建筑设计防火规范》GB 50016 中“地下或半地下建筑（室）”相关规定进行设计。除此之外，整治利用的设计必须符合现行国家标准《消防给水及消火栓系统技术规范》GB 50974、《自动喷水灭火系统设计规范》GB 50084、《建筑防烟排烟系统技术标准》GB 51251、《火灾自动报警系统设计规范》GB 50116、《消防应急照明和疏散指示系统技术标准》GB 51309、《建筑内部装修设计防火规范》GB 50222、《建筑灭火器配置设计规范》GB 50140 等相关标准的规定。

5.3.4 采取整治利用法处置退出民防序列工程，不得设置甲、乙类生产场所（仓库），儿童、残疾人员、老年人活动场所，旅店和宾馆，员工宿舍，医院和疗养院的住院部分。

5.3.5 采取整治利用法处置退出民防序列工程，消防疏散楼梯间和疏散通道应符合下列规定：

1 消防楼梯间内不得设置烧水间、可燃材料储藏室、垃圾道等，不得有影响疏散的凸出物或其他障碍物，保持楼梯和疏散通道顺畅。

2 楼梯间不得增设甲、乙、丙类液体管道。封闭楼梯间除楼梯间的出入口和外窗外，楼梯间的墙上不得增设其他门、窗、洞口。

3 人员疏散通道、出入口应保持通畅，严禁堆放物品。疏散引导醒目、指向明确，以利人员疏散。

4 所有地面出入口、风井开口的最低高度均应符合本市的防淹要求。

5.3.6 采取整治利用法处置退出民防序列工程，根据建筑平时使用功能，如需配套相应的无障碍设施，出入口、电梯、通道、门、楼梯、厕所等具体要求及尺寸应符合现行国家标准《无障碍设计规范》GB 50763 的相关规定。

5.3.7 采取整治利用法处置退出民防序列工程内部各部分装修材料的燃烧性能等级不应低于表 5.3.7 的要求。

表 5.3.7 退出民防序列工程内部各部位装修材料的燃烧性能等级

序号	建筑物及场所	装修材料燃烧性能等级						
		顶棚	墙面	地面	隔断	固定家具	装饰织物	其他装修装饰材料
1	观众厅、会议厅、多功能厅、等候厅等，商店的营业厅	A	A	A	B_1	B_1	B_1	B_2
2	公共活动用房	A	B_1	B_1	B_1	B_1	B_1	B_2
3	医院的诊疗区、手术区	A	A	B_1	B_1	B_1	B_1	B_2
4	教学场所、教学实验场所	A	A	B_1	B_2	B_2	B_1	B_2
5	纪念馆、展览馆、博物馆、图书馆、档案馆、资料馆等公众活动场所	A	A	B_1	B_1	B_1	B_1	B_1

续表 5.3.7

序号	建筑物及场所	装修材料燃烧性能等级						
		顶棚	墙面	地面	隔断	固定家具	装饰织物	其他装修装饰材料
6	存放文物、纪念展览物品、重要图书、档案、资料的场所	A	A	A	A	A	B_1	B_1
7	歌舞娱乐游艺场所	A	A	B_1	B_1	B_1	B_1	B_1
8	A、B级电子信息系统机房及装有重要机器、仪器的房间	A	A	B_1	B_1	B_1	B_1	B_1
9	餐饮场所	A	A	A	B_1	B_1	B_1	B_2
10	办公场所	A	B_1	B_1	B_1	B_1	B_2	B_2
11	其他公共场所	A	B_1	B_1	B_2	B_2	B_2	B_2
12	汽车库、修车库	A	A	B_1	A	A	—	—

5.3.8 采取整治利用法处置退出民防序列工程应设置导向标识系统及无障碍标识系统，且应符合下列规定：

1 疏散指示图应设置在工程醒目部位，并正确标明所在位置至安全出口的疏散路线。

2 安全出口或疏散出口的上方、疏散走道设置的疏散指示标志应常亮，不得被遮挡。

5.3.9 采取整治利用法处置退出民防序列工程，防烟系统设计应符合下列规定：

1 防烟楼梯间、独立前室、共用前室、合用前室及消防前室，当无自然通风条件或自然通风不符合要求时，应设置机械加压送风系统。

2 封闭楼梯间应采用自然通风系统，不符合自然通风条件的封闭楼梯间，应设置机械加压送风系统。

5.3.10 采取整治利用法处置退出民防序列工程，排烟系统设计应符合下列规定：

1 当总建筑面积大于 200 m^2 或一个房间建筑面积大于 50 m^2，且经常有人停留或可燃物较多时，应设置排烟设施。

2 同一个防烟分区应采用同一种排烟方式。

3 设置排烟系统的场所应设置补风系统。

4 当建筑的机械排烟系统沿水平方向布置时，每个防火分区的机械排烟系统应独立设置。

5.3.11 采取整治利用法处置退出民防序列工程，应校核原有自动喷水灭火系统的适用性；当不适用时，应按现行国家标准《自动喷水灭火系统设计规范》GB 50084 的规定重新设计，且应符合下列规定：

1 闭式洒水喷头或启动系统的火灾探测器，应能有效探测初期火灾。

2 湿式系统、干式系统应在开放一只喷洒喷头后自动启动，预作用系统、雨淋系统和水幕系统应根据其类型有火灾探测器、闭式洒水喷头作为探测元件，报警后自动启动。

3 作用面积内开放的洒水喷头，应在规定时间内按设计选定的喷水强度持续喷水。

4 喷头洒水时，应均匀分布，且不应受阻挡。

5.3.12 采取整治利用法处置退出民防序列工程，应校核原有消防给水及消火栓系统的适用性；当不适用时，应按现行国家标准《消防给水及消火栓系统技术规范》GB 50974 的规定重新设计，且应符合下列规定：

1 应采用 DN65 室内消火栓，并可与消防软管卷盘或轻便水龙设置在同一箱体内。

2 应配置 DN65 有内衬里的消防水带，长度不宜超过 25 m；消防软管卷盘应配置内径不小于∅19 的消防软管，其长度宜为 30 m；

轻便水龙应配置DN25有内衬里的消防水带，长度宜为30 m。

3 宜配置当量喷嘴直径16 mm或19 mm的消防水枪，但当消火栓设计流量为2.5 L/s时，宜配置当量喷嘴直径11 mm或13 mm的消防水枪；消防软管卷盘和轻便水龙应配置当量喷嘴直径6 mm的消防水枪。

5.3.13 采取整治利用法处置退出民防序列工程，应按现行国家标准《建筑灭火器配置设计规范》GB 50140的相关规定设置建筑灭火器，并应符合下列规定：

1 灭火器的配置类型、规格、数量及其设置位置应作为建筑消防工程设计的内容，并应在工程设计图纸上标明。

2 同一灭火器配置场所，当选用2种或2种以上类型灭火器时，应采用灭火剂相容的灭火器。

3 灭火器应设置在位置明显和便于取用的地点，且不得影响疏散安全。

4 灭火器不得设置在超出其使用温度范围的地点。

5 一个计算单元内配置的灭火器数量不得少于2具，每个设置点的灭火器数量不得多于5具。

6 灭火器配置点实配灭火器的灭火级别和数量不得小于最小需配灭火级别和数量的计算值。

7 灭火器设置点的位置和数量应根据灭火器的最大保护距离确定，并应保证最不利点至少在1具灭火器的保护范围内。

5.3.14 当市政给水管网连续供水时，消防给水系统可采用市政给水管网直接供水，并应符合下列规定：

1 当市政供水压力无法符合工程内水灭火系统最小压力需求时，应设置消防水泵进行加压；临时高压消防给水系统的消防水泵宜直接从市政给水管网吸水。

2 室内应采用高压或临时高压消防给水系统，且不应与生产生活给水系统合用；但当自动喷水灭火系统局部应用系统和仅设有消防软管卷盘或轻便水龙的室内消防给水系统时，可与生产生活给水系统合用。

5.3.15 采取整治利用法处置退出民防序列工程的消防用电应符合下列规定：

1 消防用电设备应采用专用的供电回路，对不符合要求的供电回路要进行改造。消防用电设备、消防配电柜、消防控制箱等应设置明显标志。

2 消防控制室、消防水泵房、防烟和排烟风机房的消防用电设备的供电，应在其配电线路的最末一级配电箱处设置自动切换装置。

3 开关、插座和照明灯具靠近可燃物时，应采取隔热、散热等防火措施。

4 疏散照明灯具应设置在出口的顶部、墙面的上部或顶棚上；备用照明灯具应设置在墙面的上部或顶棚上。

5.4 环境整治

5.4.1 采取整治利用法处置退出民防序列工程，选用的建筑材料和装修材料应符合现行国家标准《民用建筑工程室内环境污染控制规范》GB 50325 的相关规定，室内环境污染物浓度限量应符合表 5.4.1 的规定。

表 5.4.1 整治利用退出民防序列工程环境污染物浓度限量

项目	允许值
氡（Bq/m^3）	≤400
甲醛（mg/m^3）	≤0.1
苯（mg/m^3）	≤0.09
氨（mg/m^3）	≤0.2
TVOC（mg/m^3）	≤0.6

5.4.2 应根据工程整治利用的用途，按现行国家标准《民用建筑

供暖通风与空气调节设计规范》GB 50736 的要求合理设置机械通风系统及空气调节系统，并应符合下列要求：

1 当建筑物存在大量余热、余湿及有害物质时，宜优先采用通风、除湿措施加以消除。

2 公共卫生间、浴室、垃圾房等产生臭气、潮气或其他有害气体的房间应设置机械排风系统。

3 工程内不得设传染病诊室和传染病病房。

4 应根据建筑类型、房间功能确定最小新风量。

5.4.3 采取整治利用法处置退出民防序列工程的隔声、减噪设计应符合现行国家标准《民用建筑隔声设计规范》GB 50118 的相关规定，并应符合下列要求：

1 通风与空调系统产生的噪声，当自然衰减不能达到允许噪声标准时，应设置消声设备或采取其他消声措施。

2 当通风、空调、制冷装置以及水泵等设备的振动靠自然衰减不能达标时，应设置隔振器或采取其他隔振措施。

5.4.4 根据使用功能和安装地的具体状况合理选择灯具和光源，光源颜色、眩光角和显色指数应符合现行国家标准《建筑照明设计标准》GB 50034的要求，减少不良光环境对人眼的伤害。

5.5 改建与扩建

5.5.1 采取整治利用法处置退出民防序列工程因进行建筑功能调整与扩展需改建或扩建时，除应符合现行上海市工程建设规范《既有地下建筑改扩建技术规范》DG/TJ 08—2235 相关规定，尚应符合下列规定：

1 应符合现行规范对地下建筑的各项要求。

2 建筑结构荷载应根据调整与扩展后的建筑使用功能，按现行国家标准《建筑结构荷载规范》GB 50009 的相关规定取值。

3 应进行施工阶段和正常使用阶段的承载能力极限状态和

正常使用极限状态的验算。

4 应验算地基承载力及变形。如上部建筑受较大水平荷载时,应进行地基稳定性验算。

5 根据改扩建的目的,结合退出民防序列工程与上部结构的现状并考虑共同作用,选择并制定地基加固、退出民防序列工程结构加固的方案。

6 机电系统设计应符合改扩建后的退出民防序列工程使用功能和营运管理要求。

5.5.2 退出民防序列工程处置采取改扩建技术,应对相关结构构件进行结构加固。未经技术鉴定或设计许可,不得改变加固后结构的用途和使用环境。

5.5.3 退出民防序列工程的结构加固设计,应与实际施工方法紧密结合,采取有效措施,保证新增构件和部件与原结构连接可靠,新增截面与原截面粘结牢固,形成整体共同工作,并避免对未加固部分,以及相关的结构、构件和地基基础造成不利影响。

5.5.4 退出民防序列工程的结构加固设计,应综合考虑技术经济效益,既应避免加固适修性很差的结构,也应避免不必要的拆除或更换。

5.5.5 对加固过程中可能出现倾斜、失稳、过大变形或坍塌的混凝土结构或砌体结构,应在加固设计文件中提出相应的临时性安全措施,并明确要求施工单位必须执行。

5.5.6 机电系统能源和资源宜由改扩建的退出民防序列工程独立提供。当条件不具备时,经复核后可由原建筑提供,并根据营运管理要求设置相应的计量装置。

5.6 结构检测

5.6.1 采用整治利用法处置退出民防序列工程时,在改扩建或对结构风险较高的既有结构进行修缮加固前,应对退出民防序列工程的结构进行检测和鉴定。

5.6.2 根据前期风险评估的结果,结合整治利用方案确定结构检测类型。检测类型包括安全检测和抗震鉴定。

5.6.3 退出民防序列工程的检测和鉴定程序包括搜集资料、现场调查、方案编制、现场检测和报告编写等。

1 检测应委托具有相关检测资质的单位进行。

2 现场调查并收集相关资料。调查历史沿革、使用和改造情况等;收集前期风险评估、检测评估报告等;图纸资料搜集包括原始建筑结构竣工图或设计图、地质资料、改扩建图纸等。

3 方案制定应充分考虑退出民防序列工程建筑整治利用潜在安全问题的各种可能因素,并考虑技术可行性。

4 检测范围一般为既有退出民防序列工程的地下结构;当为附建式工程时,宜对上部结构进行检测或调查。

5 检测数量和检测位置根据实际情况合理布置,保证其具有结构代表性和符合抽样率的要求。

6 检测仪器、设备等管理应符合计量认证或检测结构认可准则相关条款要求。

5.6.4 退出民防序列工程建筑结构的现场调查与检测内容,应根据整治方案,并结合前期的风险评估报告进行必要的补充,包括环境调查及资料搜集、结构损伤检测、完损和材料强度检测、变形测量等,重点进行结构体系补充调查及耐久性检测。

1 建筑平面测绘。退出民防序列工程建筑图纸的测绘深度应符合后续设计要求,必要时应对附建式上部建筑平面布置图纸进行测绘。

2 结构体系调查。补充完善结构图纸的测绘深度,包括结构布置与构件尺寸检测、典型构件配筋。必要时应对附建式上部结构进行图纸测绘,测绘深度应符合后续设计要求。

3 结构耐久性检测。包括混凝土保护层厚度、混凝土碳化深度、钢筋锈蚀等。必要时可评估地下水或土对地下结构的腐蚀性影响。

5.6.5 当退出民防序列工程已发现安全隐患、危险迹象或其他需要评估结构安全的情况时，应进行安全性检测鉴定，根据其结构特点和现场检测结果进行结构承载力分析验算，综合分析工程安全性。

5.6.6 退出民防序列工程的结构安全检测应综合考虑上部荷载和结构对地下结构的影响，评估退出民防序列工程建筑结构后续使用的安全性，并对整治利用方案作出建议。

5.6.7 当退出民防序列工程接近或超过设计使用年限需要继续使用、结构改造或改变使用用途或使用环境时，应进行结构抗震鉴定，并应符合现行上海市工程建设规范《现有建筑抗震鉴定与加固规程》DGJ 08—81 的相关规定。

5.6.8 检测工作可按现行上海市工程建设规范《房屋质量检测规程》DG/TJ 08—79 的相关规定执行。

6 封堵法

6.1 一般规定

6.1.1 本方法适用于结构风险等级评估为高、中或低，但适用性评价结果显示不具有改造利用价值的或适用性评价具有改造利用价值但消防风险或其他风险不可控的退出民防序列工程处置。

6.1.2 采用本方法处置的退出民防序列工程，应根据结构风险评估报告对退出民防序列工程不符合结构安全的构件和耐久性受到损伤的构件进行加固，且不得任意拆改退出民防序列工程的承重结构。

6.1.3 结构加固可按本标准第5.2节的相关规定执行。

6.2 设备及管线处置

6.2.1 退出民防序列工程内现有的设备及管线应拆除并妥善处置。

6.2.2 因拆除设备及管线留下的孔洞应及时修补，影响结构安全的部位应采取措施进行结构加固，外墙上的孔洞应做防水处理。

6.2.3 采用本方法处置的退出民防序列工程宜切断其他电源和水源，可留下一路安全检查用电线路。

6.3 封堵措施

6.3.1 退出民防序列工程出入口封堵措施宜采取加装门封堵的

方法，也可采取砌体墙封堵。

6.3.2 门的选用应根据本市的气候条件、节能要求等因素综合确定，并应符合国家现行门窗产品标准的规定。

6.3.3 门的尺寸应符合模数，门的材料、功能和质量等应符合使用要求。门的配件应与门的主体相匹配，并应符合相应技术要求。

6.3.4 门应符合抗风压、水密性、气密性等要求，且应综合考虑安全、采光、节能、通风、防火、隔声等要求。

6.3.5 门与墙体应连接牢固，不同材料的门与墙体连接处应采用相应的密封材料及构造做法。

6.3.6 门应开启方便、坚固耐用。手动开启的大门应用制动装置，推拉门应有防脱轨的措施。

6.3.7 开向疏散走道及楼梯间的门扇开足后，不应影响走道及楼梯平台的疏散宽度。

6.3.8 墙身应根据其在建筑物中的位置、作用和受力状态确定墙体的厚度、材料及构造做法，材料的选择应因地制宜。

6.3.9 封堵墙体宜选用轻质块体材料，其强度等级应符合现行国家标准《砌体结构设计规范》GB 50003 的相关要求，砌块的强度不宜低于 MU10，砌筑砂浆的强度等级不宜低于 M5(Mb5，Ms5)。

6.3.10 封堵墙体应采取措施与周边主体结构构件可靠连接，连接构造与嵌缝材料应能符合传力、变形、耐久和防护要求。

6.3.11 封堵墙体应采取防火、防水、防潮和防结露等措施，并应符合国家现行相关标准的规定。

6.3.12 自然通风竖井宜保留，窗井应设置百叶窗，百叶窗内侧宜采取镀锌钢丝网封堵，窗井应有防止涌水、倒灌措施。

6.4 维护管理

6.4.1 退出民防序列工程采取封堵处理措施后，应定期检查，每年至少进行1次全面检查，并将检查结果载入技术档案，特别应详细记录正在发展中的裂缝、地基沉陷等结构变化情况。

6.4.2 退出民防序列工程附近的新建工程，在施工期间应采取有效措施保证退出民防序列工程安全，防止退出民防序列工程结构出现沉陷、裂缝等现象。

6.4.3 密切注意退出民防序列工程附近新建工程施工中的降水、排水措施，防止因施工降水、排水危及退出民防序列工程安全。

7 回填法

7.1 一般规定

7.1.1 本方法适用于结构风险等级评估为极高的退出民防序列工程的处置。

7.1.2 回填材料可采用泡沫混凝土和沙，也可采用其他材料回填，须经专业设计。

7.1.3 进行回填法设计前，应全面调查工程所在地的自然条件、工程地质条件和地下结构，全面搜集工程区域的地质、水文等资料，了解退出民防序列工程的埋深情况。

7.1.4 采取回填法处置退出民防序列工程，应抽干工程内的积水。抽水作业前需对退出民防序列工程的水量进行调查，判断是否与周边地下水源存在水力联系。抽水的同时应按本标准的规定对周边相邻建筑进行监测。

7.1.5 采取回填法处置退出民防序列工程前，退出民防序列工程内现有的设备及管线应拆除并妥善处置。

7.1.6 附建式工程采用回填法处置，宜采用轻质回填材料，且应事先进行基础沉降控制评估，设计宜遵循等重代换的原则，避免增加地基附加应力。设计应根据此原则明确回填材料的干密度等级、抗压强度、吸水率和其他性能指标。

7.1.7 附建式工程采用回填法处置时，施工全过程宜进行房屋损坏趋势检测。

7.2 泡沫混凝土回填法

7.2.1 泡沫混凝土回填法适用于找不到原出入口或可找到原出入口,处于闲置状态,且有大量水浸泡的单建式工程的处置。

7.2.2 泡沫混凝土回填法可用于附建式工程处置,应经过专业设计并结合监测技术实施信息化施工,施工过程中如有异常,需立即采取有效技术措施,及时消除安全隐患。

7.2.3 泡沫混凝土原材料应该符合下列规定:

1 水泥宜采用通用硅酸盐水泥,其性能应符合现行国家标准《通用硅酸盐水泥》GB 175 的规定。有侵蚀性介质作用时,水泥应结合防腐措施按设计要求选用。

2 建筑用砂应符合现行国家标准《建筑用砂》GB/T 14684 及本市建筑用砂的相关规定。

3 发泡剂宜采用合成类高分子表面活性剂,剂外观应均匀透明,常温条件下无异物析出或沉淀,无异味或刺激性气味,对环境无不良影响;发泡剂发泡产生的泡沫大小均匀且细密,直径应小于 1.0 mm,性能应符合现行行业标准《泡沫混凝土》JG/T 266 的相关规定。

4 施工用水应符合现行行业标准《混凝土用水标准》JGJ 63 的规定。

5 泡沫混凝土掺入早强剂、防冻剂、憎水剂等外加剂的使用应符合现行国家标准《混凝土外加剂》GB 8076 与《混凝土外加剂应用技术规范》GB 50119 的要求。使用外加剂之前,应进行适应性试验,对泡沫混凝土的质量无不良影响。

6 泡沫混凝土添加掺合料总质量不应大于水泥质量的 20%。粉煤灰应符合现行国家标准《用于水泥和混凝土中的粉煤灰》GB/T 1596 的规定,矿渣粉应符合现行国家标准《用于水泥、砂浆和混凝土中的粒化高炉矿渣粉》GB/T 18046 的规定,其他矿物粉料作掺合料时应符合国家现行相关标准的规定。

7.2.4 泡沫混凝土混合料应符合下列规定：

1 用于退出民防序列工程回填处置的泡沫混凝土流动度宜为 180 mm±20 mm，抗压强度不应低于 0.5 MPa，干密度等级适用 A03 或以上等级。

2 泡沫混凝土处于浸水或干湿循环条件下，应规定其吸水率等指标。

3 配合比设计应包括稀释倍数、发泡倍数、气泡率、各级原材料用量、湿重度、试块切面表观气孔等效直径等参数。

4 混合料混泡应采用液力稳压方式，不应采用搅拌方式混泡。

5 外掺其他材料时，应检测其含水率并及时调整配合比。

7.2.5 泡沫混凝土配合比设计应符合下列规定：

1 泡沫混凝土干密度不应大于设计值。

2 新拌泡沫混凝土的流动度不应小于设计值。

3 配合比试验试配 28d 抗压强度宜采用目标设计值的1.05倍。

4 配合比设计应确定水泥掺量、单位体积用水量和气泡率等参数。单位体积泡沫混凝土中，由水泥、掺合料、骨料和水组成料浆总体积和泡沫添加量可按下式计算：

$$V_1=\frac{m_c}{\rho_c}+\frac{m_m}{\rho_m}+\frac{m_s}{\rho_s}+\frac{m_w}{\rho_w} \tag{7.2.5-1}$$

$$V_2=K(1-V_1) \tag{7.2.5-2}$$

式中：V_1——由水泥、掺合料、骨料和水组成料浆总体积（m^3）；

ρ_c——水泥密度（kg/m^3），取 3 100 kg/m^3；

ρ_m——掺合料密度（kg/m^3），粉煤灰密度取 2 600 kg/m^3，矿渣粉密度取 2 900 kg/m^3；

m_s——单位体积泡沫混凝土所需骨料用量（kg）；

ρ_s——骨料表观密度（kg/m^3）；

ρ_w——水的密度(kg/m^3),取 1 000 kg/m^3;

V_2——泡沫添加量(m^3);

m_c——单位体积泡沫混凝土所需水泥用量(kg);

m_w——设计配合比计算所得单位体积泡沫混凝土所需水用量(kg);

K——富余系数,视泡沫剂质量、制泡时间及泡沫加入浆料中再混合时的损失等而定,对于稳定性好的泡沫剂,取 1.1~1.3。

5 泡沫混凝土配合比设计尚应符合现行行业标准《泡沫混凝土应用技术规程》JGJ/T 341 的相关规定。

7.2.6 硬化泡沫混凝土性能应符合表 7.2.6 的规定。

表 7.2.6 硬化泡沫混凝土性能

项 目	技术要求	试验方法
干密度(kg/m^3)	应符合本标准第 7.2.4 条的规定	《泡沫混凝土》JG/T 266
抗压强度(MPa)	应符合本标准第 7.2.4 条的规定	《泡沫混凝土》JG/T 266
吸水率(%)	应符合《泡沫混凝土》JG/T 266 的规定	《泡沫混凝土》JG/T 266
抗冻性	抗冻标号 D15	《泡沫混凝土应用技术规程》JGJ/T 341

7.2.7 泡沫混凝土回填法施工应符合下列规定:

1 泡沫混凝土回填实施前应抽干退出民防序列工程内的积水,应清理建筑垃圾,应修复影响泡沫混凝土施工质量的渗漏水。

2 泡沫混凝土回填施工均应按顺序分段进行,可采取砖墙分隔分段。

3 泡沫混凝土流动性应符合设计和施工要求,拌合物的初凝时间不应大于 2 h。

4 泡沫混凝土应随制随用,留置时间不宜大于 30 min。

5 泡沫混凝土运输、浇筑及间歇的全部时间不宜大于

30 min。同一施工段的泡沫混凝土宜连续浇筑，一次性浇筑的长度不宜大于 25 m。

6 可采用普通混凝土生产和泵送设备，泡浆混合好后宜由软管泵送至浇筑部位。水平泵送距离不大于 350 m；当水平泵送距离大于 350 m 时，应采用泡浆分离中继泵送的方法，在离浇筑部位 200 m 内的位置进行泡浆混合后继续泵送。

7 泡沫混凝土应分层浇筑，单次浇筑厚度不宜大于 1.0 m，且应在底层泡沫混凝土终凝之前将上一层混凝土浇筑完成。

8 现浇泡沫混凝土工程在施工过程中禁止振捣。

9 泡沫混凝土应填满整个退出民防序列工程的空隙，施工顺序应该从工事的端部向施工的作业口逐步进行，施工需保证回填的充盈度。泡沫混凝土应在封闭的环境中使用，回填处置后的退出民防序列工程应做好封闭措施。

10 如遇找不到原出入口的退出民防序列工程，可在顶板上开设施工孔。施工孔的大小以能符合人员顺利进入工程内部作业为标准，且不可影响结构安全。施工孔的位置、间距和数量根据工事的形状和大小由施工单位施工组织设计确定。

7.2.8 泡沫混凝土原材料检验、泡沫混凝土拌合物性能检验、泡沫混凝土填筑性能质量检验应符合现行行业标准《泡沫混凝土应用技术规程》JGJ/T 341 的相关规定。

7.3 沙回填法

7.3.1 沙回填法较适用于单建式工程的处置，不得用于附建式工程的处置。

7.3.2 采用沙回填法对退出民防序列工程整治，可根据工程特点采取堆砌沙袋回填或水撼沙回填的方法。

7.3.3 堆砌沙袋回填法设计应符合下列规定：

1 堆砌沙袋回填法适用于单建式工程，工程内部较干燥、施工环境良好的退出民防序列工程的处置。

2 应根据工程平面划分回填区域，每块回填区域边长宜 3 m～5 m，区域分割可采取砖墙分隔。

3 一般沙袋的规格有四种，分别是 40 cm×50 cm，30 cm×80 cm，25 cm×70 cm 和 40 cm×60 cm，设计可根据回填区域分割尺寸选用。

4 沙袋内装沙应采用中粗沙，粒径为 0.25 mm～2 mm。

7.3.4 堆砌沙袋回填法施工应符合下列规定：

1 堆砌沙袋回填法实施前，应将退出民防序列工程内的积水抽干，需要保证工程内部施工环境良好，施工人员可安全顺利地从原设计的出入口进入工事施工。

2 堆砌沙袋回填施工应分段按顺序进行。

3 采取沙袋垒砌回填时，沙包堆砌要求稳定性好，少留空隙。

4 沙回填完毕后，顶板（拱顶）与沙袋（沙）之间的空隙需埋设注浆管，后期压力注水泥浆，将沙袋与老工事顶板和外墙之间形成固化状态，保证结构安全。

7.3.5 水撼沙回填法设计应符合下列规定：

1 水撼沙回填法适用于单建式工程，且地下空间顶板可凿除，具有良好的排水条件的退出民防序列工程的处置。

2 应根据工程平面设计划分回填区域，每块回填区域边长宜 3 m～5 m，区域分割可采取砖墙分隔。

3 水撼沙回填法的材料宜采用中粗沙，粒径为 0.25 mm～2 mm，干密度宜控制在 1.4 g/cm^3～1.7 g/cm^3。

4 回填沙用平板振动器分层振实，可借助水冲使其密实，回填密实系数不小于 0.94。

7.3.6 水撼沙回填施工应符合下列规定：

1 水撼沙回填法施工工艺为：地下空间清理→分层铺沙、耙平→灌水振捣密实→试验合格→验收。

2 水撼沙回填应分层回填，每坯沙层厚度控制在 25 cm 之内。

3 水撼沙回填应注入清洁水，注入水位按略高于回填沙面层控制。

4 振捣器宜采用插入式振捣器，振捣时应依次插入，间距按对角线不超过 30 cm，振捣时间不少于 40 s。

5 施工前应制定可靠的排水方案，不得影响周边环境。

6 施工完后应测试干密度。

8 监 测

8.1 一般规定

8.1.1 在退出民防序列工程处置施工过程中，当地基荷载、建(构)筑物结构受力状态、周边土体环境发生变化时，应进行监测。

8.1.2 监测范围应为与处置施工直接关联的建(构)筑物，当处置施工对周边环境存在潜在影响时，监测范围应扩展至影响范围内建(构)筑物、地表和管线等。

8.1.3 设计单位应对施工监测提出监测技术要求，包括监测项目、监测频率和监测报警值等。

8.1.4 处置施工前，监测单位应在现场踏勘、收集相关资料的基础上，依据相关要求及现行标准编制监测方案。监测方案应包括下列内容：

1 工程概况。

2 场地周边环境状况。

3 监测目的和依据。

4 监测项目以及要点。

5 基准点、监测点的布设与保护，监测点布置图。

6 监测方法和精度。

7 监测进度和监测频率。

8 监测报警值及异常情况下的监测措施。

9 监测信息处理、分析及反馈制度。

10 监测人员组成及主要仪器设备。

11 质量管理、安全管理以及其他管理制度。

8.1.5 监测采用的仪器设备应与监测项目匹配，仪器精度符合相关要求，且应定期进行检验和校准。

8.2 监测项目与方法

8.2.1 退出民防序列工程处置施工监测应采用仪器监测与现场巡检相结合的方式。仪器监测可采用现场人工监测或自动化实时监测。

8.2.2 退出民防序列工程处置施工监测范围仅涉及处置工程直接关联的建（构）筑物时，监测项目宜包括建筑沉降、裂缝、倾斜等。

8.2.3 退出民防序列工程处置施工中存在排水、降水、地基加固、回填堆载等可能影响周边环境稳定的施工工艺和措施时，除对直接关联的建（构）筑物进行监测外，尚应对周边建（构）筑物、管线等进行沉降监测，必要时增加水平位移、裂缝、倾斜监测。

8.2.4 沉降监测点应能直接反映监测对象的变化特性，并便于观测且稳定可靠、标识清晰。沉降监测点位布置宜符合下列要求：

1 在基础类型、埋深和荷载有明显不同处及沉降缝、伸缩缝、新老建（构）筑物连接处的两侧应布置监测点。

2 建（构）筑物的角点、中点应布置监测点，监测点布置间距不宜大于 20 m。

3 圆形、多边形的建（构）筑物宜沿纵横轴线对称布置。

4 监测点宜布置于通视良好、不易遭受破坏之处。

8.2.5 裂缝监测点布设应符合下列要求：

1 裂缝宽度监测应根据裂缝的分布位置、走向、长度、宽度、错台等参数，选取主要裂缝或宽度较大的裂缝进行监测。

2 宜在裂缝的首末端和最宽处各布设一对监测点，分别分布在裂缝的两侧，且连线应垂直于裂缝走向。

8.2.6 倾斜监测点布置应符合下列要求：

1 监测点宜布置在建(构)筑物角点或伸缩缝两侧承重柱(墙)上,应上、下部成对设置,并位于同一垂直线上,必要时中部加密。

2 当采用垂准法观测时,下部监测点为测站,则上部监测点必须安置接收靶。

3 当采用全站仪或经纬仪观测时,仪器设置位置与监测点的距离宜为上、下点高差的1.5倍~2.0倍。

8.2.7 监测方法的选择应根据现场条件、设计要求、地区经验和测试方法的适用性等因素综合确定。

8.2.8 现场巡检宜以目测为主,可辅以量尺、放大镜等工具以及摄像、摄影等手段进行,并应做好巡检记录。现场巡检应包括下列内容:

1 场地排水、降水情况。

2 地基加固、回填堆载等施工情况。

3 周边地面的超载情况。

4 周边建(构)筑物倾斜、开裂、裂缝发展情况。

5 周边道路开裂、沉陷以及管道破损、渗漏情况。

6 基准点、监测点完好情况。

7 监测元件的完好以及保护情况。

8.3 监测频率与报警值

8.3.1 退出民防序列工程处置施工项目监测宜包括工程施工全过程,应在施工开始前采集周边环境的初始数据,至工程完成后结束监测工作。地下建筑改扩建工程对建(构)筑物进行的沉降变形观测,应至沉降达到稳定为止。

8.3.2 工程设计方应明确监测项目的监测报警值,当监测数据达到监测报警值时,必须发出书面警情报告。

8.3.3 监测初始值建立后,根据工程施工进度确定监测频率,按规定进行沉降、倾斜、裂缝监测，并根据不同施工关键节点监测数据及时进行分析评估，调整监测频率，提示报警措施建议等。

8.3.4 监测报警值由设计单位根据退出民防序列工程的建筑结构现状及损伤程度，并结合以往工程经验经综合分析后确定。当无具体确定值时，监测报警值可按下列规定执行：

1 累计沉降为 20 mm～40 mm，可根据具体情况适当放宽；沉降速率超过 2 mm/d(连续 2d)。

2 房屋倾斜率变化超过 1‰。

3 砖混承重结构构件裂缝宽度变化超过 1 mm，混凝土构件新增裂缝等。

4 周边建(构)筑物、管线的报警要求可参考管理单位的相关规定或现行上海市工程建设规范《基坑工程施工监测规程》DG/TJ 08—2001 的相关规定。

8.3.5 监测频率的确定应能及时、系统地反映周边环境的动态变化，宜采用定时监测，必要时应进行跟踪监测。当监测项目的日变化量较大时，应适当加密。根据工程性质、施工工况，监测频率可按下列规定执行：

1 在处置施工过程中，当地下水位、地基荷载、建(构)筑物结构受力状态发生变化对本体建筑或影响周边相邻建筑产生影响时，监测频率为 1 次/1 天。当地下建筑荷载变化较小时，监测频率可根据风险程度适当减小。

2 地下建筑改扩建工程基坑施工期间，监测频率应符合现行上海市工程建设规范《基坑工程施工监测规程》DG/TJ 08—2001 的规定，必要时提高监测频率。

3 除上述情况外，其他施工期间监测频率应不低于 2 次/1 周。施工中变形趋向平缓后，监测频率可根据风险程度适当减小。

4 当沉降变形趋向稳定后，宜每隔 3 个月～6 个月定期跟踪沉降监测，直至达到房屋停测标准。沉降停测标准为连续 2 次半年沉降量不超过 2 mm。

5 使用阶段观测应视地基基础类型和沉降速率大小而定，一般情况下第一年内每隔 3 个月观测 1 次，以后每隔 6 个月观测 1 次。沉降停测标准为连续 2 次半年沉降量不超过 2 mm。

8.4 监测成果文件

8.4.1 监测单位应对整个项目监测工作的方案实施和质量负责，并应明确项目的负责人及监测人员。

8.4.2 监测技术成果文件应包括监测方案、监测日报表(速报)、监测中间报告(阶段报告)和总结报告，并应及时报送相关单位。

8.4.3 处置施工过程中，应密切关注工程场地周边其他工程活动，并分析其对监测成果的影响。当监测数据达到监测报警值或出现危险事故征兆时，应增加监测频率并及时通报建设单位及相关单位。

本标准用词说明

1 为便于在执行本标准条文时区别对待，对要求严格程度不同的用词说明如下：

1） 表示很严格，非这样做不可的用词：

正面词采用"必须"；

反面词采用"严禁"。

2） 表示严格，在正常情况下均应这样做的用词：

正面词采用"应"；

反面词采用"不应"或"不得"。

3） 表示允许稍有选择，在条件许可时首先应这样做的用词：

正面词采用"宜"；

反面词采用"不宜"。

4） 表示有选择，在一定条件下可以这样做的用词，采用"可"。

2 条文中指明应按其他有关标准、规范执行的写法为："应符合……的规定"或者"应按……执行"。

引用标准名录

1 《建筑地基基础设计规范》GB 50007
2 《建筑结构荷载规范》GB 50009
3 《建筑设计防火规范》GB 50016
4 《建筑照明设计标准》GB 50034
5 《人民防空地下室设计规范》GB 50038
6 《自动喷水灭火系统设计规范》GB 50084
7 《地下工程防水技术规范》GB 50108
8 《民用建筑隔声设计规范》GB 50118
9 《混凝土外加剂应用技术规范》GB 50119
10 《建筑灭火器配置设计规范》GB 50140
11 《人民防空工程设计规范》GB 50225
12 《砌体工程现场检测技术标准》GB/T 50315
13 《民用建筑工程室内环境污染控制规范》GB 50325
14 《建筑结构检测技术标准》GB/T 50344
15 《混凝土结构加固设计规范》GB 50367
16 《民用建筑供暖通风与空气调节设计规范》GB 50736
17 《无障碍设计规范》GB 50763
18 《混凝土结构现场检测技术标准》GB/T 50784
19 《建筑施工安全技术统一规程》GB 50870
20 《消防给水及消火栓系统技术规范》GB 50974
21 《建筑防烟排烟系统技术标准》GB 51251
22 《通用硅酸盐水泥》GB 175
23 《用于水泥和混凝土中的粉煤灰》GB/T 1596
24 《环境空气质量标准》GB 3095

25 《声环境质量标准》GB 3096
26 《混凝土外加剂》GB 8076
27 《城市区域环境振动标准》GB 10070
28 《城市区域环境振动测量方法》GB 10071
29 《建筑用砂》GB/T 14684
30 《用于水泥、砂浆和混凝土中的粒化高炉矿渣粉》GB/T 18046
31 《室内空气质量标准》GB/T 18883
32 《混凝土用水标准》JGJ 63
33 《危险房屋鉴定标准》JGJ 125
34 《泡沫混凝土》JG/T 266
35 《泡沫混凝土应用技术规程》JGJ/T 341
36 《建筑变形测量规范》JGJ 8
37 《地基基础设计标准》DGJ 08—11
38 《基坑工程技术标准》DG/TJ 08—61
39 《现有建筑抗震鉴定与加固规程》DGJ 08—81
40 《基坑工程施工监测规程》DG/TJ 08—2001
41 《既有地下建筑改扩建技术规范》DG/TJ 08—2235
42 《公用民防工程安全风险评估技术标准》DG/TJ 08—2281
43 《既有民防工程检测评估技术要求》DB31/T 947

上海市工程建设规范

退出民防序列工程处置技术标准

DG/TJ 08—2323—2020
J 15281—2020

条 文 说 明

2020 上海

目　次

Contents

1 总 则

1.0.1 规定本标准编制的宗旨和目的。

1.0.2 规定本标准的适用范围。

1.0.3 按照《上海市民防工程建设和管理办法》的相关规定，退出序列工程处置应符合国家和本市规定的基本建设程序。

1.0.4 符合国家的法律法规与相关的标准是退出民防序列工程处置的前提条件。

2 术　语

2.0.1 退出民防序列工程大部分建于20世纪六七十年代，由于当时建筑标准和建筑质量不高，防护设施简陋、结构安全性能差，丧失了战时防护功能，工程存在一定的安全隐患。

3 基本规定

3.0.1 本条强调了退出民防序列工程的处置需先进行风险评估的重要性。

3.0.2 整治利用法、封堵法、回填法是本市退出民防序列工程处置的三种常用方案,设计单位可采用本标准规定的这三种处置方法,但不局限于此三种方法。依据国家现行的相关技术标准,经过专业设计的前提下,也可采取其他处置方法。

3.0.4 按照《上海市民防工程建设和管理办法》等相关规定,退出民防序列工程处置施工验收合格后,应将工程资料进行汇总、整理,并到民防主管部门归档。

4 风险评估

4.1 一般规定

4.1.1 退出民防序列工程的管理单位或使用单位在确定处置方法前，应依据国家法律法规或管理规定开展风险评估，根据风险评估的结果对处置方法提出建议。

4.1.2 退出民防序列工程应首先进行结构风险评估。结构风险评估等级为极高时，建议进行回填处置；结构风险评估等级为高、中、低时，根据适用性情况进行消防、其他风险评估。

4.1.3 退出民防序列工程的风险评估应由退出民防序列工程的管理单位或使用单位组织实施。当管理单位或使用单位不具备评估条件时，可委托具备相应资质和能力的第三方评估单位进行评估。

4.2 结构风险评估

4.2.2 建筑和结构初步调查是退出民防序列工程风险评估的基础，了解工程的基本情况对完成风险评估至关重要，应搜集工程本身的相关资料、工程周边建(构)筑物的相关资料并明确工程维修、加固历史，开展现场调查。通过资料调查才能辨识工程潜在的各类风险，更好地开展风险评估工作。

4.2.5～4.2.6 开裂与剥落是地下建筑物常见问题之一，建筑物的开裂会导致地下水入渗、墙体内钢筋锈蚀及上部结构失稳等严重事故，剥落也会造成地下水入渗、墙体内钢筋锈蚀，同时还会影响工程的正常使用。结构状况较简单的退出民防序列工程可包含结构构件专项检测。开裂与剥落状况对结构风险影响程度的划分可参考现行行业标准《危险房屋鉴定标准》JGJ 125 等相关标准进行。

4.2.9 地下结构物沉降是一种严重的变形现象，对建筑物的稳定性具有严重危害，特别是结构物的不均匀沉降，直接影响建筑物安全。结构物的不均匀沉降一般与地下水位变化、周边振动影响、基坑开挖或地面堆载等因素有关。结构变形主要考虑不均匀沉降导致的墙体倾斜。墙体倾斜率可现场测量，可操作性强，总体上可体现结构不均匀沉降的程度。梁柱差异沉降等一定程度上会造成墙体倾斜，但该指标需通过监测数据获得；在条件允许时，可附加作为判断结构变形程度的一个参考量。

4.2.10～4.2.11 墙体倾斜和梁、板挠度都与结构的初始状态有关，模板的垂直度和梁底起拱都会影响量测的数值，在评估时应考虑结构的初始状态。

4.2.12 材料力学性能检测应按照现行国家标准《混凝土结构现场检测技术标准》GB/T 50784、《砌体工程现场检测技术标准》GB/T 50315 进行评估。

1 材料力学性能检测主要为抗压强度检测，可采用现场测试或现场取样室内检测的方法。

2 混凝土力学性能检测的测区应在具有代表性的部位进行抽样检测，抽样方法可按现行国家标准《建筑结构检测技术标准》GB/T 50344 进行，检测方法可按现行国家标准《混凝土结构现场检测技术标准》GB/T 50784 进行，可采用回弹法、超声-回弹综合法等间接法进行现场检测。当具备钻芯法检测条件时，宜采用钻芯法对间接法检测结果进行校核。

3 砌体材料力学性能检测宜进行抽样检测，抽样方法可按现行国家标准《建筑结构检测技术标准》GB/T 50344 进行，抗压强度检测可采用直接法或间接法，检测方法可按现行国家标准《砌体工程现场检测技术标准》GB/T 50315 进行。

4.2.13～4.2.15 地下水渗漏原因十分复杂，上海市地下水位埋深较浅，并随季节变化而波动。部分工程会在降水之后产生倒灌而内部积水，有些工程可能会因地下管线破裂而产生积水，或因建筑物的不均匀沉降和结构开裂导致渗漏积水。这些工程结构长期浸泡在地下水中，存在结构老化、环境恶化、滋生蚊虫、易引发上部房屋塌陷等严重安全隐患。地下水渗水对退出民防序列工程安全风险影响程度的划分参考了现行国家标准《地下工程防水技术规范》GB 50108第3.2.1条，以及《城市地下道路隧道运营风险管理》（同济大学出版社）中关于城市地下隧道运营风险动态评价指标与标准的规定。从表观描述和定量化两个方面，对退出民防序列工程地下水入渗情况进行分级。

4.2.19 退出民防序列工程的风险事件发生在平时，表4.2.19所列的风险因素权重值结合了以往退出民防序列工程安全风险评估经验并参考了现行上海市工程建设规范《公用民防工程安全风险评估技术标准》DG/TJ 08—2281中平时结构安全的相关规定，确定各风险因素的权重值。当然，针对不同类型的退出民防序列工程，风险因素的重要性会随着外部环境变化，这些风险因素的权重值将在今后实践中进一步得到完善。

在风险辨识过程中，若识别到新的风险因素，应对相应的指标权重值进行重新计算和调整，调整原则如下：

1 风险事件的一级、二级指标中，各风险因素的权重值之和为1.0。

2 不改变本标准已列风险因素的重要性顺序。

4.2.21 风险事件后果等级按照不同损失的类型较难统一划分，一般以定性表示为基础，针对不同的损失类型采用量化的等级标准编制。退出民防序列工程风险事件后果按照损失类型分为人员伤亡、经济损失、环境影响、社会影响。人员伤亡指风险事件可能造成的人员伤亡；经济损失指风险事件可能造成的工程本身和第三方直接经济损失费用总和；环境影响指风险事件对环境可能造成的破坏、污染；社会影响指风险事件对社会环境可能造成的不良影响。具体等级标准可按上海市工程建设规范《公用民防工程安全风险评估技术标准》DG/TJ 08—2281 中第 5.3.8～5.3.13 条。

4.2.23 适用性评价是指基于工程面积、成本、区域位置等因素评估工程的可利用性。

4.3 消防风险评估

4.3.2 紧急疏散通道及安全出口的设置应符合现行国家标准《建筑设计防火规范》GB 50016 第 5.5.5 条的规定。紧急疏散通道及安全出口通畅与否对确保应急救援安全十分重要，不应存在遮挡、堵塞、破坏的情况。若采用整治利用法处置退出民防序列工程，应考虑工程内部长期有人停留，故室内净高要求，连接通道净宽、净高的要求应符合现行上海市地方标准《既有民防工程检测评估技术要求》DB31/T 947 中第 6.2.5 和 6.2.6 条的规定。在实际检查过程中，紧急疏散通道及安全出口的设置若不符合规范要求且无法增设或修复，退出民防序列工程的消防风险将不可控。

4.3.3 退出民防序列工程给排水系统的设置应符合现行国家标准《建筑给水排水设计规范》GB 50015 的规定中有关消防水源、消防水量、排水设施的具体要求。在实际检查过程中，给排水系统的设置不符合规范要求且无法增设或修复时，退出民防序列工程的消防风险将不可控。

4.4 其他风险评估

4.4.2 利用整治利用法处置退出民防序列工程时，应对工程内部空气状况提出要求，室内空气质量应符合现行国家标准《室内空气质量标准》GB/T 18883 中第 4.1 和 4.2 条的规定。

4.4.3 选择整治利用法处置退出民防序列工程时，应对周边环境噪声及振动情况进行评估，退出民防序列工程所属声环境功能区、噪声限值、噪声监测方法应分别符合现行国家标准《声环境质量标准》GB 3096第 4～6 节的有关规定。振动限值应参考现行国家标准《城市区域环境振动标准》GB 10070 中第 3.1.1 条的规定，振动测量应按照现行国家标准《城市区域环境振动测量方法》GB 10071 铅垂向 Z 振级的测量及评价量的计算方法进行振动测量。

4.4.4 上海市汛期雨量较大，常伴有台风，而退出民防序列工程的位置普遍较低、排水困难，为更好地保障人民生命及财产安全，室外出入口设计应采取防雨、防地表水措施。

4.5 风险评估程序

4.5.1～4.5.8 结构风险评估、风险评估流程如图 1、图 2 所示。

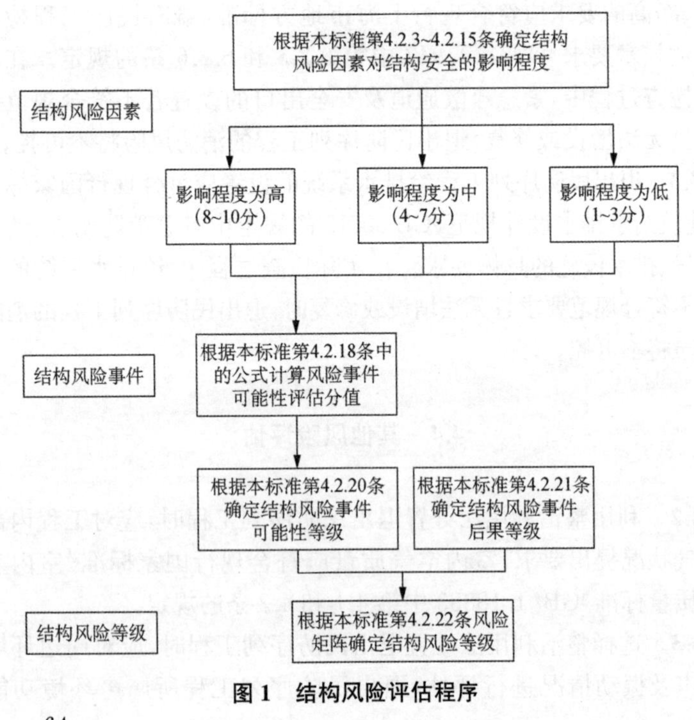

图 1 结构风险评估程序

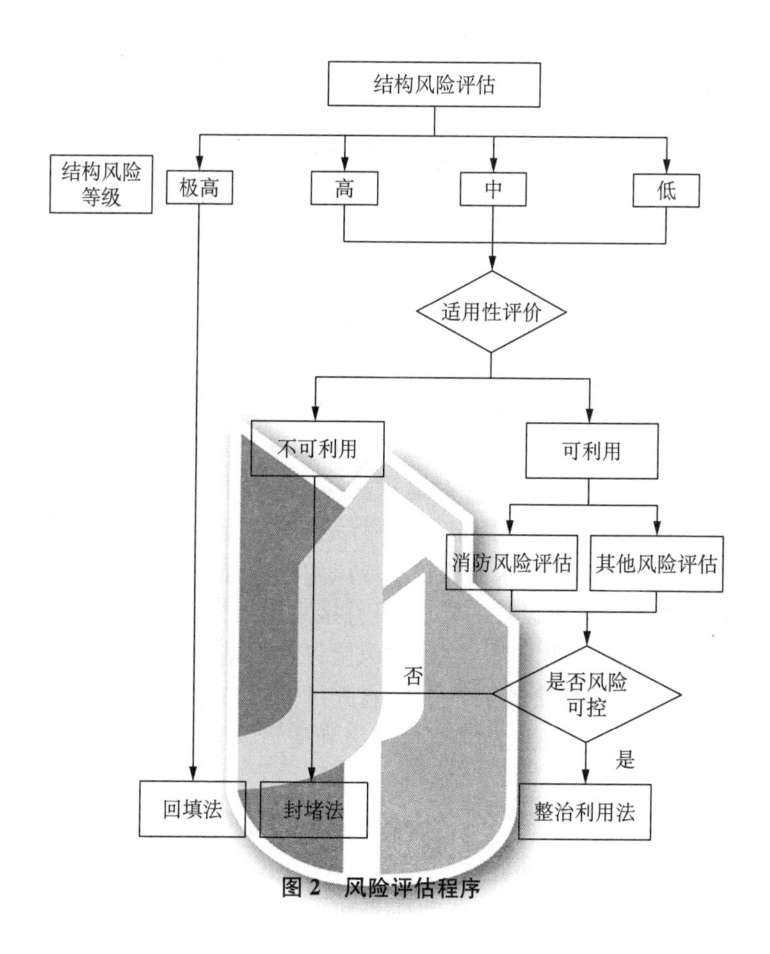

结构风险评估
结构风险等级
极高
高
中
低
适用性评价
不可利用
可利用
消防风险评估
其他风险评估
否
是否风险可控
是
回填法
封堵法
整治利用法

图2　风险评估程序

5　整治利用法

5.1　一般规定

5.1.2　退出民防序列工程不具备战时功能，整治利用时应明确平时使用功能，各专业可按照新的使用功能进行设计。

5.1.3　结构风险评估旨在对退出民防序列工程结构做风险定性评估，结构检测重在结构定量检测，是结构风险评估的深化。如退出民防序列工程建筑面积较小或风险较低，前期的结构风险评估可符合后续加固设计的要求，可直接采用结构风险评估的相关结果。但对改扩建工程应在结构风险评估的基础上，深化结构检测，并对其结构安全性和抗震性能进行分析和建议。原结构、构件的混凝土强度等级、砌体强度等级和受力钢筋抗拉强度标准值应按下列规定取值：

1　当原设计文件有效，且不怀疑结构有严重的性能退化时，可采用原设计的标准值。

2　当结构风险评估认为应重新进行现场检测时，应采用检测结果推定的标准值。

5.1.4　检测与鉴定的数据和结论可作为退出民防序列工程结构加固设计的基本依据。退出民防序列工程使用年份较长，均已接近结构设计使用年限，结构加固设计所面临的不确定因素远比新建工程多而复杂，且要考虑业主的要求；因而本条作出了“应根据鉴定结论和委托方要求，由设计单位进行修缮加固设计”的规定。

5.2 结构修缮加固

5.2.2 钢筋混凝土结构构件做好钢筋保护层的维护，可避免因保护层破坏引起结构内部钢筋锈蚀，影响混凝土结构的耐久性。

1 修补前若发现保护层脱落钢筋已经锈蚀，应先除锈再修补。

2 修补时可先把松散的混凝土全部凿除，再采用高一等级的微膨胀细石混凝土浇筑密实。如果需要修补的混凝土面层厚度较薄，不大于 35 mm，可采用丙乳砂浆分层抹平，抹丙乳砂浆时应先在结构构件表面刷水泥浆一道再分层抹灰，且每层厚度不应超过 15 mm。丙乳砂浆配合：灰砂比 1∶1～1∶2；灰乳比 1∶0.15～1∶0.30；水灰比 40%左右。建议混凝土建筑物表面剥蚀、水质侵蚀、钢筋锈蚀修补采用下限配合比。

5.2.3 退出民防序列工程现场查勘宜包括下列内容：

1) 墙地面、顶板结构裂缝、蜂窝、麻面等。

2) 变形缝、施工缝、预埋件周边、管道穿墙(地)部位、孔洞等。

退出民防序列工程渗漏水部位查找可采用下列方法：

1) 漏水量较大或比较明显的渗漏水部位，可直接观察确定。

2) 慢渗或不明显的渗漏水，可将潮湿表面擦干，均匀撒一薄层干水泥粉，出现湿痕处，即为渗漏水孔眼或裂缝。

3) 出现大面积渗漏现象时，可用速凝水泥胶浆(水泥∶促凝剂＝1∶1)在漏水处表面均匀抹涂一薄层，再撒一层干水泥粉，表面出现湿点或湿线处，即为渗漏水部位。

5.2.6 退出民防序列工程混凝土结构的加固可按现行国家标准《混凝土结构加固设计规范》GB 50367 的相关规定执行。

5.2.8 砌体结构的加固引用了现行国家建筑标准设计图集《砖混结构加固与修复》15G611 的相关规定，但砌体结构的加固技术是开放的，在经过可靠设计后，不排斥其他加固方法的使用。

5.2.9，5.2.11 为方便施工操作，减少混凝土收缩的不利影响，砌体结构加固的混凝土面层可采用灌浆料掺入骨料代替，灌浆料强度等级不小于C40，厚度不应小于60 mm。

5.2.10，5.2.12 锚筋与原砖墙连接需可靠，锚筋预埋钻孔不得伤害原结构，不宜采用膨胀螺栓固定的方式。

5.2.13 砌体结构墙体采用砌体压力灌浆补强加固法的材料可选用现行国家建筑标准设计图集《砖混结构加固与修复》15G611的相关参数，但不排斥其他材料的使用。

5.3 消防整治

5.3.1 退出民防序列工程整治利用时，消防应由具备法定资质的设计单位进行施工图设计，依法通过设计、验收或备案后方可投入使用，公共聚集场所还应取得“公共聚集场所投入使用、营业前消防安全检查合格证”。

5.3.2 改建工程(含内装修)，应由具备法定资质的设计单位进行施工图设计，依法通过设计、验收或备案后方可投入使用，公共聚集场所还应取得“公共聚集场所投入使用、营业前消防安全检查合格证”。

5.3.5 疏散楼梯间是人员竖向疏散的安全通道，也是消防员进入建筑进行灭火救援的主要路径。为避免楼梯间内发生火灾或防止火灾通过楼梯间蔓延，规定楼梯间内不应附设烧水间、可燃材料储藏室、非封闭的电梯井、可燃气体管道，及甲、乙、丙类液体管道等。

人员在紧急疏散时容易在楼梯出入口及楼梯间内发生拥挤现象，楼梯间的设计要尽量减少布置凸出墙体的物体，以保证不会减少楼梯间的有效疏散宽度。楼梯间的宽度设计还需考虑采取措施，以保证人行宽度不宜过宽，防止人群疏散时失稳跌倒而导致踩踏等意外。

封闭楼梯间除楼梯间的出入口和外窗外，楼梯间的墙上不得增设其他门、窗、洞口。在采用扩大封闭楼梯间时，要注意扩大区域与周围空间采取防火措施分隔。垃圾道、管道井等的检查门，不能直接开向楼梯间内。对于住宅建筑，由于平面布置难以将电缆井和管道井的检查门开设在其他位置时，可设置在前室或合用前室内，但检查门应采用丙级防火门。其他建筑的防烟楼梯间的前室或合用前室内，不允许开设除疏散门以外的其他开口和管道井的检查门。

地面出入口包括单独设置或结合设置的人行、车行出入口、下沉广场、门厅等。风井可能独立设置，也可能结合地面建筑布置。为了不出现"短板效应"，除了新增的地面出入口、风井等需要符合防淹要求外，应同步对原有建筑的地面开口部位进行同步改造。当不符合时，应采用有效的防淹措施。譬如：可设置防淹闸槽，槽高可根据上海市最高积水位确定。

5.3.6 部分人群在肢体、感知和认知方面存在障碍，他们同样迫切需要参与社会生活，享受平等的权利。无障碍环境的建设，为行为障碍者以及所有需要使用无障碍设施的人们提供了必要的基本保障，故采取整治利用法处置退出民防序列工程也应配建相应的无障碍设施。

5.3.9～5.3.10 条文引用了国家标准《建筑设计防火规范》GB 50016—2014(2018 年版)、《建筑防烟排烟系统技术标准》GB 51251—2017 的相关规定。

5.3.11 此条引用了现行国家标准《自动喷水灭火系统设计规范》GB 50084 的相关规定。

5.3.12 此条引用了现行国家标准《消防给水及消火栓系统技术规范》GB 50974 的相关规定。

5.3.13 此条引用了现行国家标准《建筑灭火器配置设计规范》GB 50140 的相关规定。

5.4 环境整治

5.4.1 国家标准《民用建筑工程室内环境污染控制规范》GB

50325—2010(2013年版)对民用建筑工程所使用的主体材料的放射性限量、装修材料等的甲醛限量都进行了规定，采取整治利用法处置退出民防序列工程，在选用建筑材料和装修材料等时也应符合相关规定。

国家标准《民用建筑工程室内环境污染控制规范》GB 50325—2010(2013年版)根据控制室内环境污染的不同要求，将民用建筑工程划分为两类：

1 Ⅰ类民用建筑工程：住宅、医院、老年建筑、幼儿园、学校教室等民用建筑工程。

2 Ⅱ类民用建筑工程：办公楼、商店、旅馆、文化娱乐场所、书店、图书馆、展览馆、体育馆、公共交通等候室、餐厅、理发店等。

整治利用退出民防序列工程环境污染物浓度限量按国家标准《民用建筑工程室内环境污染控制规范》GB 50325—2010(2013年版)中Ⅱ类民用建筑工程选取。

5.4.2～5.4.3 条文引用了现行国家标准《民用建筑供暖通风与空气调节设计规范》GB 50736的相关规定。

5.5 改建与扩建

5.5.1 退出民防序列工程年代久远，而现行规范几经修编，安全度较以前已有很大提高。经过改扩建后的地下建筑，其结构构件(包括既有构件)的承载力和正常使用极限状态都应符合现行规范的要求。

5.5.2 退出民防序列工程结构加固设计，系以委托方提供的结构用途、使用条件和使用环境为依据进行的。倘若加固后任意改变其用途、使用条件或使用环境，将显著影响结构加固部分的安全性及耐久性。因此，改变前必须经技术鉴定或设计许可；否则，其后果的严重性将很难预料。

5.5.3 本条主要强调两点：一是应从设计与施工两方面共同采取

措施，以保证新旧两部分能形成整体共同工作；二是应避免对未加固部分以及相关的结构、构件和地基基础造成不利的影响。这是两个常识性的基本要求，之所以需要强调，是因为在当前的结构加固设计领域中，经验不足的设计人员占较大比重，致使加固工程出现“顾此失彼”的事故案例时有发生，故有必要加以提示。

5.6 结构检测

5.6.3 检测和鉴定流程应按图3所示的框图进行。

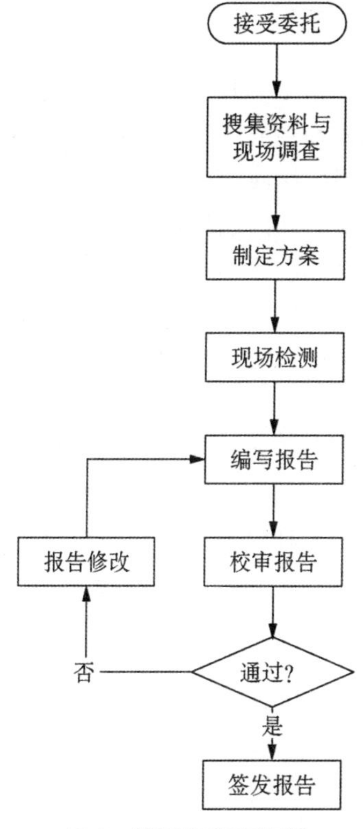

图3 检测和鉴定流程

4　退出民防序列工程结构分为单建式工程和附建式工程。对于单建式工程仅有地下部分，故仅需对地下结构进行检测；对附建式工程既有地下又有地上建筑，地下结构安全应综合考虑上部结构的影响，同时又要考虑地下结构改动对上部结构的影响，故也应对上部结构进行检测；在实际项目实施中，由于权属方不同，往往上部结构的检测难以实施，故应对上部结构进行体系调查，分析退出民防序列处置施工与上部结构的相互影响，确实存在安全隐患的，除对既有退出民防序列工程的地下结构进行检测，也应对附建式工程的上部结构进行检测。

6　属于强制检定的计量器具，需经过计量检定合格后方可使用。

5.6.5　根据现行上海市工程建设规范《现有建筑抗震鉴定与加固规程》DGJ 08—81，对房屋接近或超过设计使用年限时，需要进行结构改造或改变使用用途或使用环境时，应进行结构抗震鉴定。

5.6.6　对于附建式工程，建模计算时应考虑上部结构荷载对地下结构的影响。如上部结构图纸资料齐全或有条件进行整体检测时，可进行整体建模计算分析；如上部结构缺少相关资料时，可根据附建式工程上部结构调查，建模时仅考虑上部结构荷载的荷载传递，确保地下结构在静力荷载作用下的安全。

5.6.7　附建式工程抗震鉴定应综合考虑上部结构荷载、结构刚度对地下结构的影响；当上部结构检测较难落实时，应对上部结构进行体系和荷载调查。确保地下结构在地震荷载作用下的安全，并对上部结构可能存在的抗震构造措施和抗震承载力缺陷提出改善建议。

6 封堵法

6.1 一般规定

6.1.2 采用封堵法处置的退出民防序列工程,平时不具备使用功能,故不需要改变平面布局,不需要也不得拆改退出民防序列工程的承重结构,但是原工程结构的可靠性应该得到保证。针对结构风险评估报告中所提及不符合结构安全的构件和耐久性受到损伤的构件应进行加固。

6.2 设备及管线处置

6.2.3 采用封堵法处置的退出民防序列工程,无关人员是不得进入退出民防序列工程的,为方便定期巡检和维护,可留下一路安全检查用电。

6.3 封堵措施

6.3.1 为了便于维护管理,本标准建议首选加装门封堵。

6.3.12 退出民防序列工程原来属于早期民防工程,大部分为简易设防,通风方式为自然通风,采取封堵法整治的退出民防序列工程应该保持内部空气流畅。采用镀锌钢丝网封堵,既可保持自然通风,又可使老鼠等小动物不会爬进工程内部。

6.4 维护管理

6.4.1 本条规定是沿用现行上海市工程建设规范《民防工程安全使用技术标准》DG/TJ 08—2280 的相关规定，应每年对防护工程结构的基本功能状态进行 1 次评估；退出民防序列工程已经不具备防护功能，仍应关注平时的结构状况，每年进行 1 次全面检查。主要是对工程结构的表观状况进行检查，当退出民防序列工程结构出现明显损伤、倾斜变形或其他功能退化，应进一步进行检测鉴定。

7 回填法

7.1 一般规定

7.1.4 本条文是强调处置施工需注意抽水作业对周边建筑地基的不利影响。退出民防序列工程外墙和底板存在裂缝，内部的积水可能与周边地下水源存在水力联系。抽水前应在工程周边设置井点，通过试抽水来判断内部的积水与周边水源的水压关系。退出民防序列工程的埋深比周边建筑基础埋深大的时候，负责监测的单位应针对该项目制定详细的监测方案，并严格按监测方案执行。如发现异常，及时停止作业，通知设计方到现场进行处理。

7.1.6 附建式工程上部有正在使用的建筑，采取回填法处置对地基存在一次加载的过程，会引起附加沉降，基础有可能会出现不均匀沉降，因此附建式工程不宜采取回填法处置。如必须采取此法，宜选用泡沫混凝土或其他轻质回填材料。

7.2 泡沫混凝土回填法

7.2.1 上海市的退出民防序列工程修建于20世纪六七十年代，工程使用很长的时间，上部可能存在临时建筑，导致工程原来的出入口被破坏或封堵，无法找到确切的位置。这些工程适合在保证结构安全和人身安全的前提下，在工程顶板开设施工孔，采取泡沫混凝土回填法处置。

7.2.3 泡沫混凝土的建筑用砂须符合《关于印发〈关于加强本市建设用砂管理的暂行意见〉的通知》（沪建建材联〔2020〕81号）的

相关规定。

7.2.4～7.2.8 引用了现行行业标准《泡沫混凝土应用技术规程》JGJ/T 341 的相关规定。

7.3 沙回填法

7.3.1 沙回填会给附建式工程的基础增加较大的附加应力。因此，本标准规定附建式工程不得采取沙回填处理法处置。

7.3.4 堆砌沙包回填施工顺序是由里到外，从低到高，自下而上（图 4）。

1）由里到外：从通道或房间的端头逐步后退回填。

2）从低到高：工事内地坪标高（或净空）高的通道先填，逐步向标高（或净空）低的地段展开。

3）自下而上：对每个回填段，从地坪开始填沙、砖隔墙随填沙的高度砌筑，填至砖墙高度用水撼沙，分层密实，再向上砌砖墙、填沙。接近拱顶处用编织袋装沙，码包填塞，封砖墙。

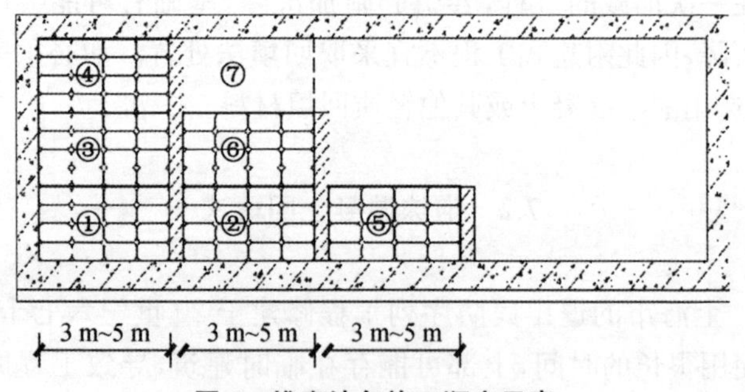

图 4 堆砌沙包施工顺序示意

7.3.6 水撼沙回填法施工顺序如下：

1 沙采用汽车运输至施工现场可卸沙的指定位置，小推车运送至施工面。

2 设置每坯回填沙层厚度标尺。

3 选用级配合理、含泥量极小的中粗沙，采用机械运输、人工回填、平整。

4 待第一坯层沙回填好后，立即注入适量清洁水，水位控制略高于回填沙面层。待水注好后，采用插入式振捣器依次进行插入振捣。

5 当工程内部原就有水，可直接向水中填沙，待水位控制略高于回填沙面层。采用插入式振捣器按对角线不超过 30 cm 的间距依次进行插入振捣，振捣时间不少于 40 s。

6 待回填沙全部水撼后，及时开泵抽排水，排水时用平板式振捣器纵横交错振捣密实，直到水干为止。

7 测试干密度，在撼沙层面上任意选设测试点(共 3 组 12 点)，采用环刀法现场采取沙样，将采集好的沙样放入烤箱内烘干称重，以算术平均法求出干密度。

8 当干密度等于或大于设计干密度时，再回填下一坯层沙进行水撼，其施工程序同前。

8 监　测

8.1 一般规定

8.1.1 在处置施工过程中，当地下水位、地基荷载、建(构)筑物结构受力状态发生变化对本体建(构)筑物或影响周边相邻建筑产生影响时，应在施工过程中对工程建(构)筑物本体进行监测，宜对相邻建筑进行监测。

8.1.2 与处置施工直接关联的建(构)筑物，即被处置的本体及紧邻的建筑。地下建筑改扩建工程施工期间，应加强处置施工及周边环境的监测和巡查。施工降水对周边环境有影响时，在对地下水位的变化进行监测的同时应加强对周边有影响的建(构)筑物及地下管线、道路的沉降监测。

8.1.4 监测方案应经建设方、设计方、监理方等相关单位认可后方能实施。当工程设计或施工有重大变更时，监测单位应与建设方及相关单位研究并调整监测方案。

8.2 监测项目与方法

8.2.2 参考目前的基坑监测相关规定和退出民防序列处置施工的实际情况，以沉降监测为主，裂缝、倾斜观测为辅。一般情况下，退出民防序列工程对周边环境影响较小，因此上部各类建(构)筑物可仅进行沉降观测；如采用了大面积抽水、回填施工等处置手段，对周边环境有明显影响时，宜对周边高层和超高层建筑的倾斜观测，以及对周边老旧房屋典型裂缝进行裂缝监测。

8.2.3 近年来采用回填法处置的退出民防序列工程，在抽水过程中未发现对周边建（构）筑物有较大的影响。参考现行国家标准《建筑基坑工程监测技术规范》GB 50497 的规定，监测范围建议为地基基础外边线外 1 倍～3 倍基础埋深范围，或按工程设计要求确定。

8.2.4 沉降监测点布置可参考现行上海市工程建设规范《地基基础设计标准》DGJ 08—11 相关要求。

8.2.5 对敏感性较大的裂缝应做好观测标志。

8.2.7 当无可靠经验时，监测方法可按现行上海市工程建设规范《基坑工程施工监测规程》DG/TJ 08—2001 相关规定。

8.3 监测频率与报警值

8.3.1 考虑到处置退出民防序列工程中有对环境影响较低的封堵法，因此不强制要求在施工全过程中进行监测。对环境影响较大的项目均应进行施工全过程监测，并在施工结束后延续观测一段时间，直至变形稳定。

8.3.4 本标准累计沉降报警值主要参考了现行上海市工程建设规范《基坑工程施工监测规程》DG/TJ 08—2001 的相关规定，同时参考了《外滩通道工程相邻历史建筑检测与监测工作指导意见》中的相关建议，将累计沉降报警值拟定为 20 mm～40 mm。监测报警值还可参考现行上海市工程建设规范《地基基础设计标准》DGJ 08—11、《基坑工程技术标准》DG/TJ 08—61 等相关技术要求。

8.3.5 在进行原有结构拆除、基础托换等既有建筑受力体系转化施工时，必须对设置的各监测点加密测量。

8.4 监测成果文件

8.4.2 监测技术成果文件相关要求参考现行上海市工程建设规

范《基坑工程施工监测规程》DG/TJ 08—2001 的相关规定。现场监测记录及技术成果文件中提供的数据、图表应客观、真实、准确，并均应有责任人员签字。监测技术成果文件应加盖成果章。监测工作结束后，监测单位应及时向建设方提供监测总结报告，并对监测资料立卷归档。

8.4.3 建议制定监测应急预案，当监测数据出现危险事故征兆时，必须立刻发出警报，保证本体及周边环境安全，落实相关应急处理措施。